一流本科专业一流本科课程建设系列教材

# 趣味空间几何学

主　编　洪涛清

副主编　朱顺东　张剑锋

参　编　卢晓忠　李　娜　陈娅红

U0240671

课程教材资源总码

机械工业出版社

本书是"空间几何学"课程教材,主要内容有:课程绪论、柱面、锥面、旋转曲面、二次曲面、组合曲面与异形曲面等.

本书根据最新的人才培养方案,为满足多个专业对于空间几何教学要求的提高而编写,可满足大学机械、建筑、陶瓷、艺术、机器人和其他新兴领域相关专业的课程设置和培养方案的要求.

**图书在版编目(CIP)数据**

趣味空间几何学/洪涛清主编. —北京:机械工业出版社,2022.6
(2023.1 重印)

一流本科专业一流本科课程建设系列教材

ISBN 978-7-111-70223-8

Ⅰ.①趣… Ⅱ.①洪… Ⅲ.①空间几何 – 解析几何 – 高等学校 – 教材 Ⅳ.①O182.2

中国版本图书馆 CIP 数据核字(2022)第 032165 号

机械工业出版社(北京市百万庄大街 22 号 邮政编码 100037)
策划编辑:韩效杰 责任编辑:韩效杰 李 乐
责任校对:张亚楠 张 薇 封面设计:王 旭
责任印制:郜 敏
中煤(北京)印务有限公司印刷
2023 年 1 月第 1 版第 2 次印刷
184mm×260mm · 9 印张 · 214 千字
标准书号:ISBN 978-7-111-70223-8
定价:39.00 元

电话服务 网络服务
客服电话:010-88361066 机 工 官 网:www.cmpbook.com
 010-88379833 机 工 官 博:weibo.com/cmp1952
 010-68326294 金 书 网:www.golden-book.com
**封底无防伪标均为盗版** 机工教育服务网:www.cmpedu.com

# 序

　　《趣味空间几何学》是洪涛清副教授主编的本科生通识教育教材，也是丽水学院校本通识核心课程的建设成果．该教材几经试用、修改打磨，渐趋完善．

　　作为新工科数学拓展课程建设的一种尝试，该教材选取数学与应用数学专业核心课程"空间解析几何"中曲面部分的核心内容，在保持数学基本内容的同时，适当降低繁难程度，并突出应用性与趣味性．该书适合作为新工科学生的选修课教材，同时适合作为数学专业师生的参考书，还可作为中小学数学教师的专业拓展书籍．

　　该教材的特点之一是突出数学的应用性．在各章节中，除了安排某些曲面的概念、方程和性质等知识外，还增加了应用案例赏析．例如，球锥面在运载火箭等航天器头部设计中的应用，单叶双曲面、双曲抛物面在建筑工程上的应用，组合曲面在机械制造、土木工程中的应用等．通过较系统地介绍各种曲面的应用，学生会感受到数学的力量，进而激发学生的学习积极性．

　　该教材的特点之二是趣味性．传统的数学教材往往给人严谨有余而趣味不足的感觉．该教材在介绍数学知识及其应用的同时，融入人文与美学元素，注重文理交融，增加了趣味性．例如，在锥面的内容中引入古希腊对圆锥曲线的研究、解析几何的发展史等，使学生感受数学文化；介绍了斐波那契螺旋线在大自然中的神奇存在，以及植物花朵的瓣数、植物果实的分布、鹦鹉螺的形状、台风螺旋线等，它们无不体现了大自然的神奇和数学的奇妙，令人神往！

　　该教材的特点之三是体现了地域特色．龙泉青瓷为瓷中珍宝，丽水是中国青瓷之乡．青瓷之美在于瓷之色，亦在于瓷之形．"青瓷赏析之旅"是基于地域元素探寻隐于各种经典青瓷作品中意蕴悠长的曲面造型，并从数学视角对其进行美的赏析．此外，在实践活动安排中，提供了校园内外与几何学联系紧密的建筑物解说视频，以此宣传秀山丽水与丽水学院的知名建筑，激发学生爱校爱家乡的情怀．

　　作为一种与传统教材不同的新形态教材，该教材选用了大量曲面图形及应用案例的精美图片，图文并茂；有配套的教学资源平台，提供了 25 节微课教学视频，微课内容严谨、逻辑性强、画质清晰、语言富有感染力．同时还提供了部分学生的实践作品汇报视频，体现了理实一体化．

　　相信该教材的选用有助于提升相关课程的教学效果与质量．同时，相信该教材必将在使用过程中不断得到补充与完善．

裘松良

2021 年 12 月于杭州

# 前　言

"趣味空间几何学"课程是丽水学院基于互联网+的校本课程,于2019年通过达标课程验收,2020年被列为校本通识核心课程,2021年被认定为在线精品课程. 本教材为新形态教材,可与平台资源配套使用,开课平台为浙江省高等学校在线开放课程共享平台(https://www.zjooc.cn/)与超星学银在线平台(https://www.xueyinonline.com/).

"趣味空间几何学"课程是交叉学科课程,融合了数学性、趣味性和应用性,以STEAM课程为指导,注重科学(S)、技术(T)、工程(E)、艺术(A)与数学(M)的协同创新. 通过综合实践活动,着力于培养学生的高阶思维能力、动手操作能力、工程艺术设计能力与创新创造能力. 在教学内容上,讲授高阶的空间曲面模型,如柱面、锥面、各种旋转曲面与二次曲面、组合曲面、异形曲面等的概念、方程、性质,提供几何模型应用案例赏析,上至天文下至地理,古今中外,有自然案例,有工业设计、建筑设计、艺术设计等新工科案例. 在案例赏析中,充分体现了几何模型在科学技术领域、建筑设计领域、工业设计(包括陶瓷设计)领域、音美体艺术等领域的应用原理之理性分析. 在教学模式上,理论与实践相结合,线上线下相融合. 通过线上平台观看视频、自学材料、完成知识点测试等环节掌握必备的几何学知识. 通过线下互动交流、讨论总结,拓展提升STEAM领域知识. 通过布置寻找曲面美的课外实践作业,用所学知识进行曲面的类型与性质特点解说,促进理论联系实际,在实践活动中进行创造美的教育. 聘请实践指导师,师生对话,生生对话,通力合作完成作品的设计与汇报. 组际间展开公平竞争,促进沟通交流合作,提升PPT制作与美化能力、提高语言表达与演讲答辩能力等.

本书是丽水学院几何学团队多年教学经验的总结,第2章由卢晓忠撰写,第3章由朱顺东撰写,张剑锋与洪涛清等撰写了第5章,李娜与卢晓忠等完成了第6章,洪涛清与陈娅红等共同完成附录,其余由洪涛清完成并统稿. 原浙江理工大学裘松良校长为本教材作序并提出撰写指导与修改意见.

本书在编写及出版过程中,得到了丽水学院工学院的鼎力相助,还得到了中国青瓷学院、教师教育学院的大力支持,在此一并表示感谢.

限于编者的水平,加之时间仓促,本书难免有疏漏与不妥之处,欢迎广大读者批评指正并不吝赐教,衷心感谢!

编者

# 目　录

# 第1章　课程绪论

大家好，非常荣幸能与读者朋友们相遇在"趣味空间几何学"的云中课堂，本课程采用线上线下混合式教学，线上平台提供了丰富的各章知识点的微课视频与相关的习题测试，还提供了实践活动安排以及学生实践作品汇报等若干微视频，最后提供了部分拓展阅读材料. 本教材是新形态教材，大家除了通读本教材外，还可进入线上平台学习.

也许你听说过趣味数学，听说过趣味几何学，你或许没有听说过大学课堂里的"趣味空间几何学"吧！这是一门怎样的课程？学习什么内容？怎么学？趣味在哪儿？学了又有什么用？这些问题在你加入本课程学习后，都将一一得到解答，并在学习中感受到空间几何学无限神奇的魅力，从而产生不断探索数学奥秘的欲望.

## 1.1　趣味空间几何学课程介绍

### 1.1.1　空间解析几何简介

空间解析几何是解析几何的一个分支，是用代数方法来研究现实三维空间中的点、线、面、体等几何图形及其关系的学科，解析几何的诞生归功于法国数学家笛卡儿（Descartes）和费马（Fermat）. 解析几何的基本思想是用代数方法来研究几何，为了把代数运算引到几何中，最根本的做法是设法把空间的几何结构有系统地代数化、数量化，而这个转化的桥梁之一就

二维码 1.1
视频：课程介绍

是笛卡儿坐标系. 笛卡儿一直在思索如何将代数学引入几何研究，正当他百思不得其解时，突然发现墙角的蜘蛛正在织网，如图 1-1-1 所示，蜘蛛的位置不正好可以由蜘蛛离开中心的距离与绕圈的角度两个数所确定吗？于是，笛卡儿由蜘蛛网想到了坐标系，通过坐标系将几何基本元素点与数对即坐标建立了一一对应关系，几何图形就可用方程表示，从而就可用方程来研究曲线、曲面等的性质，笛卡儿开创了用代数方法来研究几何的方法，让几何学插上了飞翔的翅膀. 当然，解析几何的诞生也离不开被誉为代数学之父的法国数学家韦达，如图 1-1-2 所示.

图　1-1-1

1

韦达（Viète，1540—1603），1540 年生于法国的普瓦图，1603 年卒于巴黎．韦达年轻时学习法律当过律师，后从事政治活动，当过议员，在对西班牙的战争中曾为政府破译密码．韦达致力于数学研究，第一个有意识地和系统地使用字母来表示已知数、未知数及其乘幂，带来了代数学理论研究的重大进步．1591 年，韦达第一次在代数中系统地使用了字母，他用字母表示未知数，也用字母表示已知数．这使代数从过去以解决各种特殊问题且侧重于计算的数学分支，发展成为一门研究一般类型问题的学科，为代数学的发展插上了翅膀．韦达认为，代数是施行于事物的类或形式的运算方法，算术只是同数打交道的．所以，当时人们把代数看成是关于字母的计算、关于由字母表示的公式的变换以及关于解代数方程的科学，这标志着古典代数学的真正确立与完善．

笛卡儿（Descartes，1596—1650），如图 1-1-3 所示，生于法国，毕业于普瓦捷大学，法国著名哲学家、物理学家、数学家，被黑格尔称为"近代哲学之父"，是解析几何奠基人之一，他创立了笛卡儿标架与笛卡儿坐标系．1637 年，他发表的《几何学》论文分析了几何学与代数学的优缺点，进而提出了一种"包含这两门科学的优点而避免其缺点"的方法，把几何问题转化成代数问题，将轨迹转化为方程来研究，并给出了几何问题的统一作图法，从而提出了解析几何的主要思想和方法，为解析几何后续的发展奠定了基础，恩格斯把它称为数学中的转折点．

图　1-1-2

图　1-1-3

费马（Fermat，1601—1665），如图 1-1-4 所示，法国律师，被誉为"业余数学家之王"，他在微积分、解析几何、概率论、数论等数学领域中，都做出了开创性的贡献．事实上，费马在笛卡儿的《几何学》发表前至少 8 年就已相当清晰地掌握了解析几何的一些基本原理，并在《平面和立体轨迹引论中》阐述了一些重要的结论．同时，在解析几何的圆锥曲线方面进行了初步系统化的研究．费马是从代数方程入手，研究以方程的解集为坐标的点集所表示的图形，故与笛卡儿研究的出发点有所不同，但这正好是当代解析

图　1-1-4

几何研究的两个方向，真可谓殊途同归！历史认为，费马和笛卡儿共同分享创立解析几何的伟大荣誉．解析几何的诞生为微积分学的创立与发展铺平了道路，是数学发展史上一次伟大的革命．

## 1.1.2 趣味空间几何学简介

趣味空间几何学是在空间几何学的基础上，在信息技术的支持下，应用解析几何的方法来研究空间几何曲面的一门课程．本课程具有三大特点：数学性、趣味性、应用性，同时适当降低了数学性，更注重几何模型的应用性与趣味性．

第一是数学性：基于方程用数学原理解释空间曲面之美的缘由．下面是通过 GeoGebra 软件制作的曲面图形：图 1-1-5 所示是圆锥曲线的动态生成图，图 1-1-6 所示为由直线生成的圆柱面到单叶旋转双曲面及圆锥面的变化关系图，从直线到优美的曲面，是不是特别好玩哩！图 1-1-7 所示则展示了马鞍面的三维立体模型动图，好看吗？在每一小节的曲面学习中，我们都将渗透数学美的分析．请大家访问相关课程，在微视频中去欣赏这些曲面的动态生成过程与感受曲面之美吧．

图 1-1-5

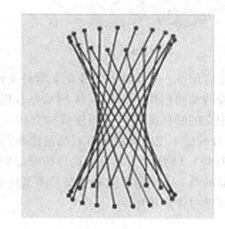

图 1-1-6

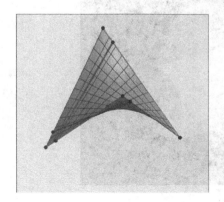

图 1-1-7

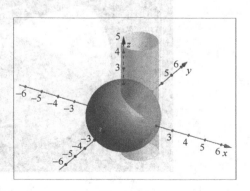

图 1-1-8

第二是趣味性：大量现实空间几何模型及作图软件的动画再现，图 1-1-8 所示是球面与圆柱面相贯线即优美的维维安尼（Viviani）曲线的生成图，图 1-1-9 所示是根据斐波那契（Fibonacci）数列生成的螺线继而延拓成海螺面的动画，是不是特别好玩哩！图 1-1-10 所示则展示了单叶双曲面到螺旋面的拓扑变换过程，是不是很有趣呢？我们在每一小节的曲面学习中都会进行这样精彩的案例赏析.

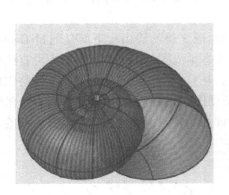

图　1-1-9

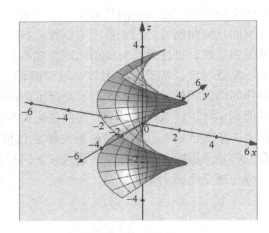

图　1-1-10

第三是应用性：展现几何学在交叉学科及自然界中广泛的应用. 大量现实空间几何模型及作图软件的动画再现：图 1-1-11 所示是在机械建筑工程中大量应用的牟合方盖造型，就是两垂直相交的圆柱面相贯线所围成的立体. 图 1-1-12 所示是日本设计师隈研吾（Kengo Kuma）设计的位于巴厘岛的具有双曲抛物面冠层的"花芽"别墅建筑群屋顶，是不是特别漂亮哩！图 1-1-13 所示为具有莫比乌斯带形的造型曲面，蚂蚁可以不穿过边界而周而复始地走遍曲面的每一个角落，这种造型是不是特别有趣呢？我们将在下一小节中详细地介绍几何学在交叉学科中的应用.

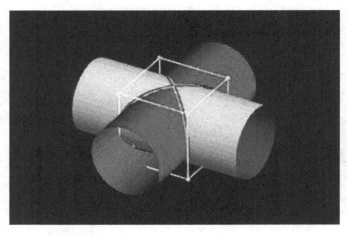

图　1-1-11

图 1-1-12

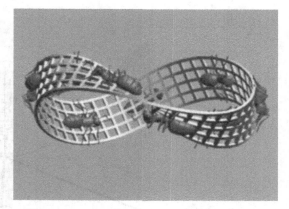
图 1-1-13

### 1.1.3 趣味空间几何学课程内容

　　"趣味空间几何学"主要介绍各种曲面的概念、性质及应用. 首先通过数学软件动画制作来实现这些曲面的动态生成过程,围绕曲面生成的过程提示曲面特有的性质;其次介绍对应的曲面的特殊类型及用数学原理来分析曲面之美;最后给出曲面精彩的应用案例赏析. 通过截割法来研究曲面的内部结构,揭示曲面蕴含的一些优美的曲线及其作用,同时挖掘数学知识背后的数学文化背景,更加注重数学学习的趣味性与应用性.

　　图 1-1-14 所示是单叶双曲面的直纹造型,图 1-1-15 所示是椭圆抛物面的主截线情况,图 1-1-16 所示是双曲抛物面也叫作马鞍面的截痕情况,我们将在第 5 章进行详细剖析并提供应用案例赏析.

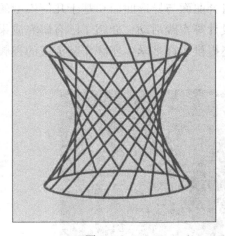
图 1-1-14

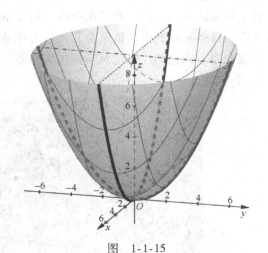
图 1-1-15

　　"趣味空间几何学"课程目标定位:一是知识目标:掌握基本概念与基本性质,包括柱面、锥面、旋转曲面、二次曲面、组合曲面及异形曲面等几何模型的概念、方程与性质;二是能力目标:提高空间想象能力、动手实践能力与解决实际问题的能力. 了解空间几何模型

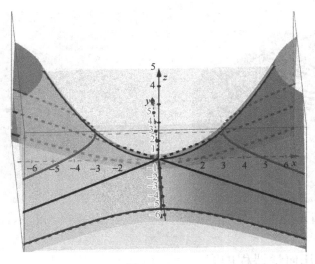

图  1-1-16

在生产实践中的应用,学会用空间几何模型解决如信息技术、机械设计、建筑工程、艺术设计等交叉学科问题的能力,注重相互间的渗透;三是素养目标:提升数学核心素养,理解本课程研究几何问题的思想方法,学会用数学原理分析事物,学会用数学眼光看待世界;四是思政目标:在数学与艺术的对话中融入思政元素,在理论与实践的学习中发现美并创造美.

"趣味空间几何学"课程设计安排:本课程理论部分设计成共 6 章 25 个约 300min 的微课视频,主要围绕趣味空间几何模型来进行微课设计,形成一个有机的整体. 第 1 章课程绪论,介绍趣味空间几何学课程内容及空间几何学在交叉学科中的应用. 第 2~6 章,分模块进行曲面的概念、方程、性质、应用案例赏析等方面的学习:包括第 2 章柱面、第 3 章锥面、第 4 章旋转曲面、第 5 章二次曲面、第 6 章组合曲面与异形曲面和基于几何模型的青瓷作品赏析与自然案例赏析,最后是几何模型作品设计等实践活动,介绍了已有研究成果,展现一些融入地方特色的几何建筑与校内实验室,还提供了许多学生实践作品汇报的视频,如图 1-1-17 所示.

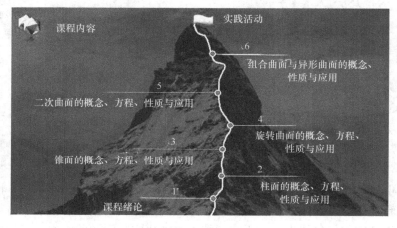

图  1-1-17

### 1.1.4　趣味空间几何学课程团队

目前，我们的课程团队由 5 位主讲教师构成，是一支高职称高学历多视角的专家精英团队，如图 1-1-18 所示．包括 2 位教授，2 位副教授，1 位海归硕士．团队负责人洪涛清副教授是几何学教育硕士，有着十多年几何学教学与研究经验，在几何学方面发表了近 20 篇论文，所授课程深受学生喜爱；主讲教师张剑锋教授（博士），朱顺东教授也都是长期从事几何学的教学与研究的骨干教师，在几何学方面有着很高的造诣；卢晓忠副教授是数学教育学硕士，擅长于多媒体技术教学；李娜老师是机械专业风能方向硕士，在运用作图软件制作曲面动图方面发挥了重要的作用．

**趣味空间几何学课程团队**

- 洪涛清 副教授　- 张剑锋 教授、博士　- 朱顺东 教授　- 卢晓忠 副教授　- 李娜 硕士

图　1-1-18

亲爱的读者朋友们，看了或听了本节课程介绍，你是不是对"趣味空间几何学"课程有了一个大致的了解，并对趣味空间几何有所期待呢？那就让我们开启本课程的趣味数学学习之旅吧，尽情畅游在各种曲面之美中，去感受数学的无穷魅力吧！让我们相聚在每一节微课程，不见不散！

## 1.2　空间几何学在交叉学科中的应用

上一节，我们对"趣味空间几何学"的课程性质、研究方法、课程目标、课程内容及课程设计与安排等做了一个简单的介绍．"趣味空间几何学"除了数学性、趣味性以外，就是其在交叉学科中广泛的应用性．本节将从空间几何学的应用背景，其在机械、建筑、土木等工程上的应用以及在数字媒体、工业设计、陶艺设计等设计专业上的应用等几个方面展开介绍．

二维码 1.2
视频：空间几何学
及其交叉学科简介

### 1.2.1　空间几何学的应用背景

空间几何模型在机械、建筑、土木、数字媒体、工业设计、陶艺设计等方面有着极其广泛的应用，并与这些交叉学科紧密相连．而趣味空间几何学除了数学特性外，还融合了趣味性与艺术性、应用性与技术性于一体，在理工科尤其是新工科的课程体系中是不可或缺的课程载体．如图 1-2-1 所示，这些曲面模型在新工科领域都较为常见．

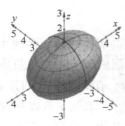 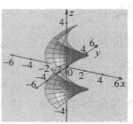 

图　1-2-1

### 1.2.2　空间几何学在工程上的应用

空间几何模型在机械、建筑、土木等工程上的应用十分广泛，在后续各章的曲面应用的案例赏析中都会详细介绍，此处择几例简单叙述之.

**1. 机械工程**

在机械工程方面，从小小的螺钉、螺母到三叉连接阀如图 1-2-2 所示，再到大型的机械组件等，都可见各种曲面的造型或组合，图 1-2-3 所示是柱形的光学镜头，图 1-2-4 所示就是锥形的金属钻头，还有图 1-2-5 所示就是英姿飒爽的歼-20 战斗机，你是不是对它们的曲面造型很感兴趣呢？

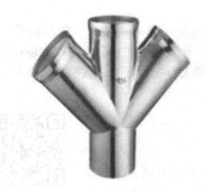

图　1-2-2

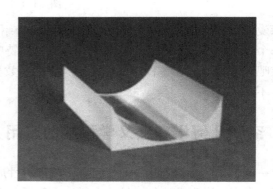

图　1-2-3

图　1-2-4

图　1-2-5

## 2. 建筑工程

在建筑工程方面的例子可就举不胜举啦，你看下面的建筑，如图 1-2-6 所示，这是丹麦哥本哈根的弗里德里克教堂，图 1-2-7 所示的印度泰姬陵，泰姬陵（Taj Mahal）是知名古迹建筑之一，是莫卧儿皇帝沙·贾汗为纪念其妃子，于 1631 年至 1653 年在阿格拉建成. 这些建筑用了很多的圆柱面、锥面与球面等，你是不是也对这样的曲面造型很感兴趣呢？

图　1-2-6　　　　　　　　　　　　　　　　图　1-2-7

如图 1-2-8 所示，这是大家所熟悉的 600m 高的广州电视塔，是单叶双曲面造型. 图 1-2-9 所示是坐落在武汉东南部东湖国家自主创新示范区内的武汉未来科技城，也是单叶双曲面造型. 你知道吗？单叶双曲面很受建筑师的青睐，因为钢筋不弯曲就可以生成这种漂亮的曲面！你是不是也觉得这样的建筑特别壮丽美观呢？

图　1-2-8　　　　　　　　　　　　　　　　图　1-2-9

建筑史上一项伟大的创作要数西班牙建筑师菲利克斯·坎德拉（Felix Candela）于 1958 年在墨西哥完工的霍奇米洛克餐厅，如图 1-2-10 所示，你是不是也惊讶于它优美的曲线造型呢？其实，除了外形美观外，它还包含着几何学上双曲抛物面这种曲面的数学原理，后续将在第 5 章为大家做专题介绍！

下面给大家展示的是体育馆这类大型建筑的屋顶，包括伦敦奥运会的自行车馆、加拿大马鞍馆和上海体育馆等，也都是双曲抛物面即马鞍面造型.

伦敦奥运会的自行车馆，如图1-2-11所示，于2008年投建，2011年2月竣工．随后，自行车馆交付给伦敦奥组委安装场内设施．场馆的双曲抛物面索网屋顶结构系统既能为观众创造良好的环境，也减少了供暖和通风空间．同时优化使用了自然光，从而减少电灯的使用数量．

图　1-2-10

图　1-2-11

加拿大马鞍馆，如图1-2-12所示，是北美冰球职业联赛卡尔加里火焰队主场，于1983年竣工．马鞍馆的外形设计灵感来自于卡尔加里西部的传统活动，包括牛仔竞技表演和卡尔加里牛仔节．此外，马鞍这一外形拥有重要功能，格雷厄姆·麦考特建筑事务所的设计师将混凝土屋顶设计成反双曲抛物面结构，同时没有采用内部柱台支撑以免阻挡球迷视线．

说到曲面在建筑工程方面的应用，还不得不提美妙的螺旋面，图1-2-13所示是哥本哈根的救世主教堂，图1-2-14所示是梵蒂冈博物馆的双螺旋结构的阶梯，上楼与下楼的游客可以行走不同的阶梯，互不相撞与遮挡．

图　1-2-12

图　1-2-13

图 1-2-15 所示则是哥本哈根的螺旋观景塔，设计成单叶双曲面内设螺旋状游览路线.
为什么旅游景点的建筑物都采用了这种曲面造型呢？它的数学美又在哪儿，敬请读者朋友们
在后续课程学习中去寻找答案吧！

图 1-2-14　　　　　　　　　　　　　　　图 1-2-15

中国古代建筑的特色是飞檐翘角，如图 1-2-16 所示，这种曲面造型也是双曲抛物面，
满满的民族风体现的却是利用曲面的优势，包括扩大采光面，利于排水，增加动感等一系列
建筑特点！

图 1-2-16

### 3. 土木工程

在土木工程方面，空间几何模型除了在房屋建筑上的广泛应用外，在公路、桥梁、水

渠、江河堤坝等方面的应用也比比皆是. 如图 1-2-17 所示，一条带子的两端扭转 180° 后结合而成的莫比乌斯带，360° 无死角，因而被广泛地运用在桥梁、建筑、观景台等设计中，如图 1-2-18 的中国结桥梁就是借鉴了莫比乌斯带曲面.

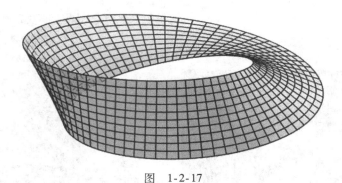

图　1-2-17

图　1-2-18

在桥梁、江河堤坝等方面广泛应用的空间几何模型当属双曲拱坝，如图 1-2-19 所示，这是拱坝中最具有代表性的坝型. 这些坝是由曲线网构成的曲面，其水平方向及竖直方向都按照曲线弯曲，包括双曲线、抛物线、摆线等线型，此种结构的优越性可从这两个方向的弯曲性体现出来，这种弯曲不仅可以减少坝体材料减轻自重，还可以将水对坝的压力分散至周边从而使坝体坚固. 为适应特定的地形、地质和泄洪、厂房布置要求，使拱坝体型、应力及拱

图　1-2-19

座稳定等更趋合理，工程师们需要调整好双曲拱坝的各种参数.

### 1.2.3　几何模型在工业设计上的应用

#### 1. 数字媒体

在数字媒体方面，图 1-2-20 所示是三维仿真特效处理的波形环境特效图；三维建模技术如图 1-2-21 所示的虚拟机械 CAD 产品装配分解图等，这些都与几何模型紧密相关.

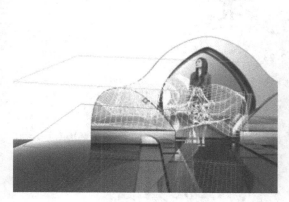

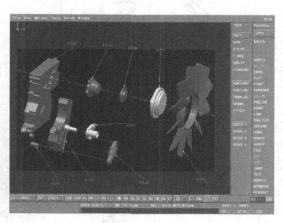

图　1-2-20　　　　　　　　　　　　　　　　　图　1-2-21

图 1-2-22 展示的是在数字媒体中，用简单的几何图形如直线或曲线通过几何变换生成了美妙的三维曲面包络图. 你们看，空间几何模型是不是很有趣很神奇？

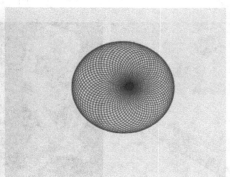

图　1-2-22

#### 2. 工业设计

在工业产品设计方面，小到一个鼠标，一张舒适的椅子，如图 1-2-23 所示；一盏吊灯，一把水壶，一些容器，如图 1-2-24 所示；无不渗透着空间几何曲面的模型. 如何去玩转曲面模型，去设计一款既美观又实用的产品呢？你需要提升几何素养而产生更多的灵感哟！

工业设计当然还包括高技术含量的产品设计. 如图 1-2-25 所示，风能叶片的设计，飞机模型的设计，智能机器人的设计，汽车外观的设计等. 在智能制造行业，一个完美的设计一定是技术与艺术的和谐统一.

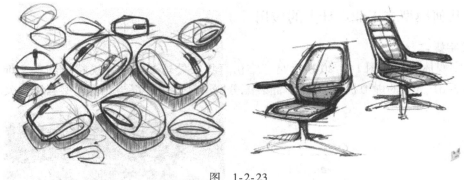

图　1-2-23

图　1-2-24

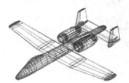

图　1-2-25

### 3. 陶艺设计

曲面造型在陶艺设计方面也是大放异彩,如图 1-2-26 所示,十瓣莲花碗儿,锥底撇口大瓷碗,婀娜多姿的净瓶……从胚体看,它们都是优美的曲线旋转而成即为旋转曲面,如此造型简约而不失大气.

要说陶艺设计中经典的空间几何模型,不得不提瓶中三宝之"玉壶春瓶". 通过提取造型曲线的数据并加以理性分析,我们发现了"玉壶春瓶"的美出自何处,具体可见书后参考文献 [26]. 图 1-2-27 所示是宋代的青花瓷,图 1-2-28 所示则是著名的丽水龙泉青瓷,图 1-2-29 所示是唐代的白釉汝瓷,这些花瓶都是"玉壶春瓶"的不同体现形式.

图　1-2-26

图　1-2-27

图　1-2-28

图　1-2-29

亲爱的读者朋友们，空间几何学及其交叉学科就简单介绍到这儿，但趣味空间几何学的应用才刚刚开始. 让我们一起开启下面课程的学习吧！

## 习　题　一

1. 单选题：趣味空间几何学课程具有以下（　　）特点.

A. 数学性　　　　　B. 趣味性　　　　　C. 应用性　　　　　D. 以上都对

解析：趣味空间几何学具有三大特点：数学性、趣味性、应用性，同时适当降低了数学的繁难程度，更注重几何模型的应用性与趣味性.

2. 单选题：被誉为"业余数学家之王"的是（　　）.

A. 牛顿　　　　　B. 费马　　　　　C. 韦达　　　　　D. 笛卡儿

解析：费马，法国律师，被誉为"业余数学家之王"，他在微积分、解析几何、概率论、数论等数学领域中，都做出了开创性的贡献.

3. 单选题：趣味空间几何学课程目标为（　　）.

A. 掌握基本知识与基本技能　　　　　B. 提升数学素养

C. 应用数学解决实际问题　　　　　D. 以上都对

解析：趣味空间几何学课程目标，即知识技能方面、应用方面及综合素养方面.

4. 判断题：空间几何模型在机械、建筑、土木、数字媒体、工业设计、陶艺设计等方面有着极其广泛的应用，并与这些交叉学科紧密相连.

解析：空间几何学与交叉学科的关系.

5. 判断题：在工业产品设计方面，一个完美的设计一定是技术与艺术的和谐统一.

解析：空间几何学与艺术的关系.

6. 简答题：请你结合自己的经验谈谈对趣味空间几何学的认识，字数不少于 100 字.

解析：能够讲出趣味空间几何学的三大特点，研究的主要内容或研究的方法. 若能结合课堂外的实例来谈，则给以高分.

# 第 2 章　柱面

在空间几何中，柱面是一类非常简单的曲面，它由平行直线所生成，这也就意味着用一平板材料进行弯曲即可形成柱面，所以在生产实践中，我们经常会碰到柱面. 但是，由于弯曲方式的不同，柱面的形状也是五花八门. 那么，柱面到底有哪些类型，又蕴含哪些数学原理呢？让我们走进柱面的世界去探个究竟吧！

## 2.1　柱面的概念、方程、性质

### 2.1.1　坐标系及曲面方程的概念

二维码 2.1

视频：柱面的概念、
方程、性质

与平面解析几何类似，为了确定空间中任意一点的位置，需要在空间中引进坐标系，最常用的坐标系是空间直角坐标系. 取定空间直角坐标系后，就可以建立空间的点与有序数组之间的一一对应关系.

设点 $M$ 为空间的一点，过点 $M$ 分别作垂直于 $x$ 轴、$y$ 轴和 $z$ 轴的平面. 设三个平面与 $x$ 轴、$y$ 轴和 $z$ 轴的交点依次为 $P$，$Q$，$R$，又设点 $P$，$Q$，$R$ 在 $x$ 轴、$y$ 轴和 $z$ 轴上的坐标依次为 $x$、$y$、$z$，于是点 $M$ 确定了一个有序数组 $(x,y,z)$.

反之，如果给定一个有序数组 $(x,y,z)$，可以在 $x$ 轴上取坐标为 $x$ 的点 $P$，在 $y$ 轴上取坐标为 $y$ 的点 $Q$，在 $z$ 轴上取坐标为 $z$ 的点 $R$，然后过点 $P$，$Q$，$R$ 分别作垂直于 $x$ 轴、$y$ 轴和 $z$ 轴的三个平面，它们相交于空间的一点 $M$，点 $M$ 就是由有序数组 $(x,y,z)$ 所确定的点.

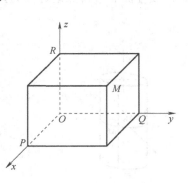

图　2-1-1

这样一来，空间的点 $M$ 与有序数组 $(x,y,z)$ 之间就建立了一一对应的关系. 把有序数组 $(x,y,z)$ 称为点 $M$ 的坐标，记作 $M(x,y,z)$，其中 $x$ 称为横坐标、$y$ 称为纵坐标、$z$ 称为竖坐标.

有了点的坐标，再利用平面上两点间的距离公式和勾股定理，易推出空间两点：$A(x_1,y_1,z_1)$，$B(x_2,y_2,z_2)$ 间的距离为 $d = \sqrt{(x_2 - x_1)^2 + (y_2 - y_1)^2 + (z_2 - z_1)^2}$.
显然满足方程
$$(x - x_0)^2 + (y - y_0)^2 + (z - z_0)^2 = R^2 \qquad (2\text{-}1\text{-}1)$$
的点 $(x,y,z)$ 构成的曲面 $S$ 是一个球面，且容易验证：

（1）在曲面 $S$ 上的点的坐标 $(x,y,z)$ 都满足方程（2-1-1）；

（2）不在曲面 $S$ 上的点的坐标 $(x,y,z)$ 都不满足方程（2-1-1）.

在空间解析几何里，曲面 $S$ 与方程 $F(x,y,z)=0$ 如果满足上述两条关系，那么方程：$F(x,y,z)=0$ 就叫作曲面 $S$ 的方程，而曲面 $S$ 叫作方程 $F(x,y,z)=0$ 的图形．

有了这些知识，接下来我们就可以介绍柱面的相关知识了．

## 2.1.2 柱面的方程

我们先分析一个具体的例子．

**例1** 方程 $x^2+y^2=R^2$ 表示什么样的曲面？

**解** 方程 $x^2+y^2=R^2$ 在 $xOy$ 面上表示圆心在原点、半径为 $R$ 的圆．

在空间直角坐标系中，这方程不含竖坐标 $z$，即无论空间点的竖坐标怎样，只要它的横坐标 $x$ 和纵坐标 $y$ 能满足这方程，那么这些点就在这曲面上．

这就是说，凡是通过 $xOy$ 面内圆 $x^2+y^2=R^2$ 上一点 $M(x,y,z)$，且平行于 $z$ 轴的直线 $l$ 都在这曲面上，因此，这曲面可以看作是由平行于 $z$ 轴的直线 $l$ 沿 $xOy$ 面上的圆 $x^2+y^2=R^2$ 平移而形成的，这曲面叫作圆柱面，$xOy$ 面上的圆 $x^2+y^2=R^2$ 叫作它的准线，这条平行于 $z$ 轴的直线 $l$ 叫作它的母线．

如图 2-1-2 所示，一般地，直线 $l$ 沿定曲线 $C$ 平行移动形成的轨迹叫作柱面，定曲线 $C$ 叫作柱面的准线，动直线 $l$ 叫作柱面的母线．

不含 $z$ 的方程 $x^2+y^2=R^2$ 在空间直角坐标系中表示圆柱面，它的母线平行于 $z$ 轴，它的准线是 $xOy$ 面上的圆 $x^2+y^2=R^2$．

类似地，方程 $y^2=2x$ 表示母线平行于 $z$ 轴的柱面，它的准线是 $xOy$ 面上的抛物线 $y^2=2x$，该柱面非常自然地称其为抛物柱面，如图 2-1-4 所示．

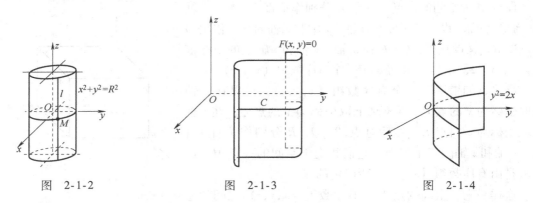

图 2-1-2　　　　　　图 2-1-3　　　　　　图 2-1-4

一般地，只含 $x$，$y$ 而缺 $z$ 的方程 $F(x,y)=0$ 在空间直角坐标系中表示母线平行于 $z$ 轴的柱面，其准线是 $xOy$ 面上的曲线 $C:F(x,y)=0$．

类似可知，只含 $x$，$z$ 而缺 $y$ 的方程 $G(x,z)=0$ 和只含 $y$，$z$ 而缺 $x$ 的方程 $H(y,z)=0$ 分别表示母线平行于 $y$ 轴和 $x$ 轴的柱面．

**例2** 方程 $x-z=0$ 表示什么样的柱面？

**解** 方程 $x-z=0$ 即 $z=x$，这是 $xOz$ 面上的一条直线，方程缺了变量 $y$，根据柱面的定义，该方程在空间表示母线平行于 $y$ 轴的柱面，其准线是 $xOz$ 面上的直线 $x-z=0$，所以它是过 $y$ 轴的平面．

一般地，选择合适的坐标系，让母线平行于坐标轴，则柱面方程为缺元方程，形式会较为简单.

### 2.1.3　柱面的性质

因为柱面是由其准线和母线方向完全确定的，所以关于柱面的性质，我们主要关注其准线和母线的特性.

虽然柱面被它的准线和母线方向完全确定，但它的准线和母线并不唯一，类似例 1 中提到的圆柱面，当然也可以取 $z = 1$ 平面上的圆 $x^2 + y^2 = R^2$ 作为它的准线.

还可以如图 2-1-5 所示，用斜平面：$y + z = 2$ 和圆柱面：$x^2 + y^2 = 1$ 的交线（一个空间中的椭圆）作为其准线. 甚至还可以用空间中的曲线作为其准线，详细过程请观看本节微课视频.

至于母线，在这道例题里，凡是和 $z$ 轴平行的直线均可作为其母线，所以柱面虽然较为简单，但其准线和母线并不唯一，为了研究问题方便，我们一般都会选取坐标面上的曲线作为其准线，至于母线，前面已经指出本课程仅讨论母线平行于坐标轴的柱面，故只要取一平行于某一指定坐标轴的直线即可.

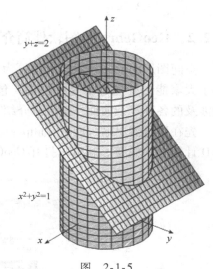

图　2-1-5

另外，柱面也可以看成是准线沿着母线方向平移得到的曲面，比如图 2-1-4 中的抛物柱面：$y^2 = 2x$，现在改成让 $xOy$ 面上的抛物线 $y^2 = 2x$（红色抛物线）沿着 $z$ 轴方向上下平移，曲线在空间中形成的轨迹同样为该抛物柱面.

## 2.2　特殊柱面类型介绍

### 2.2.1　特殊柱面

二维码 2.2
视频：特殊柱面
类型介绍

前面，我们接触了圆柱面和抛物柱面，相信大家已经注意到这两种柱面，如果取它们和特定某一坐标面的交线为其准线，则分别为圆周和抛物线.

一般地，在空间解析几何里，如果柱面与坐标面的交线分别是椭圆、双曲线和抛物线，就把它们依次叫作**椭圆柱面**、**双曲柱面**和**抛物柱面**，这三种柱面统称为特殊柱面.

它们的准线均是二次曲线，这些柱面属于**二次曲面**，二次曲面除了本节介绍的三种柱面外，在后续的章节还会逐一给大家介绍.

**例 3**　如图 2-2-1 所示，这是一个双曲柱面，它的准线是 $xOz$ 面上的一组双曲线

$$\frac{z^2}{c^2} - \frac{x^2}{a^2} = 1.$$

因为母线方向平行于 $y$ 轴, 该柱面的方程就可表示为 $\dfrac{z^2}{c^2} - \dfrac{x^2}{a^2} = 1$.

如果用平面 $y = b$ 去截该柱面, 则所得的截痕方程为 $\begin{cases} \dfrac{z^2}{c^2} - \dfrac{x^2}{a^2} = 1, \\ y = b. \end{cases}$

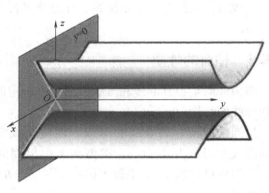

图　2-2-1

## 2.2.2　GeoGebra 绘图软件简介

空间图形的形状相对于平面更为复杂, 为了大家能更好地理解这些柱面, 包括后面涉及的各种复杂曲面, 给大家介绍一款简单易学的数学几何软件, 希望能有所帮助.

先在浏览器里输入网址: https://www.geogebra.org, 再单击图 2-2-2 中大约中间位置的 "3D 计算器" 链接, 就可以打开 GeoGebra 软件的工作界面.

图　2-2-2

在工作界面区域左上方的输入框输入一个柱面方程, 即可在右边显示出该方程的图像. 现输入的柱面方程为 $3x^2 - 2y^2 = 1$, 如图 2-2-3 所示, 该双曲柱面的图像即刻就会显示在右边区域, 我们可以用滚轮对图像进行缩放, 还可以拖动图像左右旋转、上下翻转, 从各个不同角度观察研究图像的特点.

GeoGebra 除了可以非常直观地显示各种柱面图形外, 我们还可以用一些特定平面, 比如 $z = z_0$ (图 2-2-3 中的浅色平面) 用其和柱面的截痕来研究曲面的特征, 这种方法在后面研究更复杂的曲面时, 特别方便实用.

再如图 2-2-3 所示, 用 GeoGebra 研究曲面和平面的截痕时, 可以用鼠标拖动来快速调

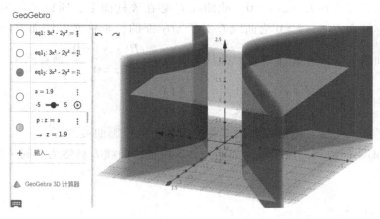

图　2-2-3

整 $z_0$ 的值，后边图形区会实时显示最新的截痕形状，这比传统解析法会更直观，是一个非常棒的小技巧，请同学们在后期研究更复杂曲面的时候记得这种方法.

在 GeoGebra 软件的工作平台，分别输入方程

$$4x^2 + 9y^2 = 36, \qquad x^2 = y + 4,$$

将得到图 2-2-4，相信大家已经能分辨出这两种柱面分别是什么柱面了.

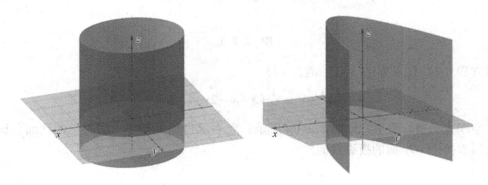

图　2-2-4

柱面虽然是一种比较简单的曲面，但简约而不简单，在生产和生活实践中，处处都能发现它们的身影，在本章第三节将详细介绍柱面的一些应用.

## 2.2.3　投影柱面

前面指出在空间解析几何中，方程 $F(x, y, z) = 0$ 表示曲面，如果两个曲面相交，则交线一般为空间曲线，所以方程组 $\begin{cases} F(x, y, z) = 0, \\ G(x, y, z) = 0 \end{cases}$ 可用来表示空间曲线 $C$.

将方程组 $\begin{cases} F(x, y, z) = 0, \\ G(x, y, z) = 0 \end{cases}$ 消去变量 $z$，得到一个关于 $x$，$y$ 的二元方程 $H(x, y) = 0$.

在空间直角坐标系下，二元方程 $H(x, y) = 0$ 表示母线平行于 $z$ 轴的柱面，而曲线 $C$ 的

坐标显然满足该二元方程 $H(x,y)=0$，故曲线 $C$ 必在该柱面上，所以可作为柱面的一条空间准线，我们称柱面 $H(x,y)=0$ 为曲线 $C$ 关于 $xOy$ 面的投影柱面，柱面 $H(x,y)=0$ 和 $xOy$ 面的交线称为曲线 $C$ 在 $xOy$ 面上的投影曲线，方程为 $\begin{cases} H(x,y)=0, \\ z=0, \end{cases}$ 请看例4.

**例4** 空间曲线 $L$：$\begin{cases} x^2+y^2+z^2=1, & (1) \\ x+2y+3z=3 & (2) \end{cases}$

为单位球面和平面的交线，请确定曲线 $L$ 在 $xOy$ 面上的投影曲线的形状.

**解** 用 GeoGebra 绘制出该曲线，如图 2-2-5 所示，曲线 $L$ 显然为空间一圆.

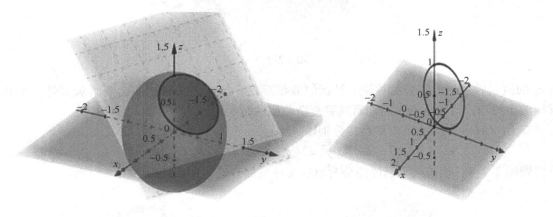

图 2-2-5

将方程（2）代入方程（1），消去 $z$ 得

$$x^2+y^2+\frac{1}{9}(3-x-2y)^2=1.$$

在空间直角坐标系下，如图 2-2-6a 所示，它表示母线平行于 $z$ 轴的椭圆柱面，该柱面就是曲线 $L$ 关于 $xOy$ 面的投影柱面.

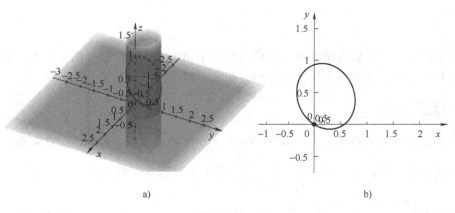

a)             b)

图 2-2-6

现在确定这个投影柱面与 $xOy$ 面的交线，显然交线方程可表示为

$$\begin{cases} x^2 + y^2 + \dfrac{1}{9}(3 - x - 2y)^2 = 1, \\ z = 0. \end{cases}$$

如图 2-2-6b 所示，选择适当视角，可看出交线为 $xOy$ 面上的椭圆.

同理，如果消去变量 $y$，则得到关于 $xOz$ 面的投影柱面，如图 2-2-7a 所示，它的母线平行于 $y$ 轴，再作该柱面与 $xOz$ 面的交线，即可得曲线 $L$ 在 $xOz$ 面上的投影，如图 2-2-7b 所示，投影曲线为另一椭圆.

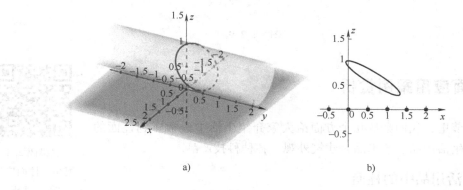

图　2-2-7

如图 2-2-8 所示，消去变量 $x$，则得到关于 $yOz$ 面的投影柱面，它的母线平行于 $x$ 轴，该柱面和 $yOz$ 面的交线即为曲线 $L$ 在 $yOz$ 面上的投影，投影曲线仍为一椭圆.

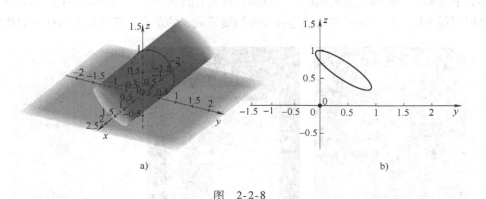

图　2-2-8

我们把曲线 $L$ 关于 $xOy$ 面和 $xOz$ 面的两个投影柱面绘制在一起，如图 2-2-9 所示，其交线为空间圆．由于这两个投影柱面的交线的坐标 $x$，$y$，$z$ 分别满足两个投影柱面的方程，所以也满足原曲线 $L$ 的方程．换句话说，投影柱面的交线和原曲线为同一曲线，曲线的任两个投影柱面的交线即为曲线本身.

在工程制图设计中，我们往往需要作立体的三视图．组合曲面相贯线的三视图，其实就是通过三个方向的投影柱面，将原曲线投影至三个方向上的投影曲线.

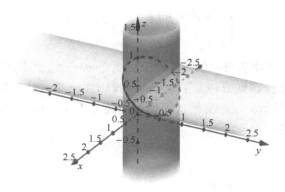

图　2-2-9

## 2.3　柱面应用案例赏析

二维码 2.3
视频：柱面应用
案例赏析

在这一节里，我们会从几个方面给大家介绍生活中经常碰到柱面的物体，包括生活用品、艺术品、建筑外观、各种科技产品.

### 2.3.1　生活用品中的柱面

请大家思考一下，为什么生活中很多东西都是圆柱造型？

这与圆柱体的特点有关，它的上下底面是圆形的，对称且受力均匀，作为支柱就很合理，不会上下受力不均. 侧面展开就是矩形，矩形围起来变成桶状，制作原理很简单，制作盛放东西的容器很容易. 圆是很完美的图形，所以圆柱体也有其美观性. 如图 2-3-1 所示，从古代皇家的祭祀用器玉琮，到文人墨客用的笔筒，再到宴请贵宾的茅台，都采用了圆柱面的造型.

图　2-3-1

### 2.3.2　柱面在建筑上的应用

从图 2-3-2，我们看到圆柱面在建筑设计中的体现，酒店的大堂往往会有几个柱子，多数是圆柱，少部分是椭圆柱，或者是方柱，再比如德国宝马公司总部大楼，也是由四个圆柱构成的一栋大楼．各地的高铁站和机场航站楼的顶棚，往往也会使用柱面，其原因除了美观之外，更是因为柱面造型的屋顶比平面屋顶具有更大的结构强度，同时施工难度较其余曲面更低，造价也便宜．

图　2-3-2

## 2.3.3　柱面在科技中的应用

在科技方面，比如油罐车的储油罐，除了常见的圆柱造型外，也经常会是椭圆柱面的造型，如图 2-3-3 所示，原因在于能更有效防止易燃液体与罐体内壁发生剧烈摩擦，减少事故．

图　2-3-3

另外，在各种精密仪器中，各种不同的柱面棱镜对改变光路方向，改善成像的色差和像差，减小图像畸变，都起到了重要作用．如图 2-3-4 所示．

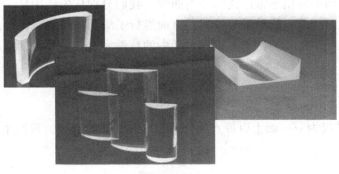

图　2-3-4

图 2-3-5 所示是大家熟悉的显示设备，从早期的显像管电视机和纯平显示器，再到现在的曲面液晶屏，其实也都是围绕着柱面在演变，采用柱面的原因及优点非常值得深入探讨.

图　2-3-5

最后我们看一下当前飞速发展的新能源产业，因为抛物线可以把平行光反射到其焦点处，所以抛物柱面可以把太阳光（近似平行）汇聚到一条线上，在这个位置设置一根水管，通上水，就可以对水有效加热，加热后的水再用于发电，就可以节省宝贵的煤炭资源，同时减小污染，产生清洁的能源，助力 2019 年提出的碳达峰碳中和. 正是因为抛物柱面具有这种光线特性，如图 2-3-6 所示，从北方家庭普遍使用的太阳能热水器，到西北戈壁滩中绵延数公里的超大型太阳能发电厂，抛物柱面从来不会缺席.

图　2-3-6

柱面是空间几何中应用非常广泛的一类曲面，我们分别从生活用品、室内装饰、大型建筑、显示设备、柱面透镜、能量采集仪器等方面进行了应用案例赏析，愿读者朋友们能在生活中细心地去发现更多精彩的例子，追寻生活中的数学元素，探寻科学发现的乐趣.

## 习　题　二

1. 单选题：准线为 $xOy$ 面上以原点为圆心，半径为 2 的圆周，母线平行于 $z$ 轴的圆柱面方程是（　　）.

A. $x^2 + y^2 = 4$　　　B. $x^2 + z^2 = 4$　　　C. $y^2 + x^2 = 2$　　　D. $x^2 + z^2 = 2$

解析：准线方程为 $x^2 + y^2 = 4$，母线平行于 $z$ 轴的圆柱面方程形式上和准线方程一致.

2. 单选题：太阳能采集设备中最有可能用到的柱面是（　　　）.

A. 旋转抛物面　　　B. 抛物柱面　　　C. 球面　　　D. 圆柱面

解析：抛物柱面可以将光线汇聚于一条线，旋转抛物面可以将光线汇聚于一点，但它不是柱面，球面和圆柱面则没有这样的光线特性.

3. 单选题：下面的柱面，母线平行于 $y$ 轴的是（　　　）.

A. $x^2 + 2y^2 = 1$　　　B. $x^2 - z^2 = 1$　　　C. $y^2 - 2x = 3$　　　D. $z - y^2 = 0$

解析：母线平行于 $y$ 轴的柱面其方程不含有 $y$ 项.

4. 单选题：下面的曲面，属于柱面的是（　　　）.

A. 单叶旋转双曲面　　　　　　　B. 球面

C. 圆锥面　　　　　　　　　　　D. 平面

解析：平面是特殊的柱面，其准线是直线.

5. 判断题：柱面的准线一定是平面曲线.

解析：柱面的准线可以是平面曲线，也可以是空间曲线.

6. 简答题：请留心校园中隐藏的各种柱面元素，并拍照做好记录，同时请思考你所选定的对象之所以设计为柱面造型的理由.

# 第 3 章　锥面

在高中几何中，我们已经比较系统地学习了圆锥面与圆锥曲线. 事实上锥面的底面不一定是圆，还可以是其他的平面或空间图形，顶点到底面的垂足也不一定在底面的圆心上，这时曲面就成了一般的锥面了. 在这一章，我们来学习锥面的概念、方程、性质及其应用案例.

## 3.1　锥面的概念、方程、性质

### 3.1.1　锥面的概念和方程

**定义 3.1.1**　在空间通过一定点且与定曲线相交的一族直线所生成的曲面叫作**锥面**，定点叫作锥面的**顶点**，定曲线叫作锥面的**准线**. 这些直线都叫作锥面的**母线**.

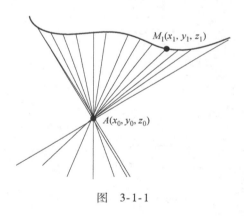

图　3-1-1

**注**：准线是空间的曲线，不一定是平面曲线.

设锥面的准线为

$$\begin{cases} F_1(x,y,z) = 0, \\ F_2(x,y,z) = 0, \end{cases} \tag{3-1-1}$$

顶点为 $A(x_0,y_0,z_0)$，如果 $M_1(x_1,y_1,z_1)$ 为准线上的任意点，那么锥面过点 $M_1$（同时过顶点 $A$）的母线方程为

$$\frac{x-x_0}{x_1-x_0} = \frac{y-y_0}{y_1-y_0} = \frac{z-z_0}{z_1-z_0}, \tag{3-1-2}$$

且有 $$F_1(x_1, y_1, z_1) = 0, F_2(x_1, y_1, z_1) = 0,$$ 　　　　(3-1-3)

从式（3-1-2）、式（3-1-3）中消去参数 $x_1$，$y_1$，$z_1$，最后可得一个三元方程 $F(x, y, z) = 0$.

这就是以式（3-1-1）为准线，以 $A$ 为顶点的锥面方程.

**例 1**　锥面的顶点在原点，且准线为 $\begin{cases} \dfrac{x^2}{a^2} + \dfrac{y^2}{b^2} = 1, \\ z = c, \end{cases}$ 求锥面的方程.

**解**　设 $M_1(x_1, y_1, z_1)$ 是准线上任一点，过 $M_1$ 的母线方程为

$$\frac{x}{x_1} = \frac{y}{y_1} = \frac{z}{z_1},$$ 　　　　(3-1-4)

且有

$$\frac{x_1^2}{a^2} + \frac{y_1^2}{b^2} = 1,$$ 　　　　(3-1-5)

$$z_1 = c,$$ 　　　　(3-1-6)

由式（3-1-4）、式（3-1-6）可得　$x_1 = c\dfrac{x}{z}, y_1 = c\dfrac{y}{z},$ 　　　　(3-1-7)

将式（3-1-7）代入式（3-1-5）可得锥面方程

$$\frac{x^2}{a^2} + \frac{y^2}{b^2} - \frac{z^2}{c^2} = 0.$$ 　　　　(3-1-8)

这个锥面是**二次锥面**.（我们注意看这个方程的形式，每一项都是二次的，没有一次项、常数项，是一个关于坐标 $x$，$y$，$z$ 的二次齐次方程，这是巧合吗？并非巧合，我们后续将再讨论.）

显然，锥面的准线不是唯一的，和一切母线都相交的每一条曲线，都可以作为它的准线.

## 3.1.2　圆锥面的方程

**例 2**　已知圆锥面的顶点为 $(1,2,3)$，轴垂直于平面 $2x + 2y - z + 1 = 0$，母线与轴成 $30°$ 角. 试求这圆锥面的方程.

**解**　设 $M(x, y, z)$ 为任一母线上的点，那么过点 $M$ 的母线的方向向量为 $\{x - 1, y - 2, z - 3\}$，而在直角坐标系下，圆锥的轴线的方向即为平面 $2x + 2y - z + 1 = 0$ 的法方向，即为 $\boldsymbol{n} = \{2, 2, -1\}$，根据题意有

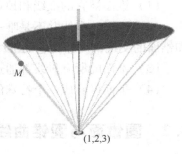

图　3-1-2

$$\frac{\boldsymbol{v} \cdot \boldsymbol{n}}{|\boldsymbol{v}| \cdot |\boldsymbol{n}|} = \pm\cos 30°,$$

即

$$\frac{2(x-1) + 2(y-2) - (z-3)}{\sqrt{(x-1)^2 + (y-2)^2 + (z-3)^2} \cdot \sqrt{4+4+1}} = \pm\frac{\sqrt{3}}{2},$$

化简整理得所求的圆锥方程为

$$11(x-1)^2 + 11(y-2)^2 + 23(z-3)^2 - 32(x-1)(y-2) +$$
$$16(x-1)(z-3) + 16(y-2)(z-3) = 0.$$

这是一个关于 $x - 1$，$y - 2$，$z - 3$ 的齐次方程（齐次方程的形式与顶点有关）.

因为圆锥面是一种特殊的锥面，上述解法是一种适合于圆锥面的特殊方法. 先求出圆锥

面的准线，然后利用顶点与准线求锥面方程的一般方法，留给读者去完成.

### 3.1.3 锥面的性质

下面我们来证明一个关于判别锥面的定理：

**定理** 一个关于 $x$，$y$，$z$ 的齐次方程总表示顶点在坐标原点的锥面.

**证** 设关于 $x$，$y$，$z$ 的齐次方程为

$$F(x,y,z)=0,\tag{3-1-9}$$

那么根据齐次方程的定义 $F(tx,ty,tz)=t^{\lambda}F(x,y,z)$（可以是二次，也可以是其他次数），所以当 $t=0$ 时，有 $F(0,0,0)=0$，因此曲面过原点.

再设非原点 $M_0(x_0,y_0,z_0)$ 满足式（3-1-9），即有 $F(x_0,y_0,z_0)=0$，那么直线 $OM_0$ 的方程为

$$\begin{cases} x=x_0t, \\ y=y_0t, \\ z=z_0t, \end{cases}$$

代入 $F(x,y,z)=0$，得 $F(x_0t,y_0t,z_0t)=t^{\lambda}F(x_0,y_0,z_0)=0$，所以整条直线都在曲面上，因此曲面（3-1-9）是由这种通过坐标原点的直线组成，即它是以原点为顶点的锥面.

**推论** 关于 $x-x_0$，$y-y_0$，$z-z_0$ 的齐次方程总表示顶点在 $(x_0,y_0,z_0)$ 的锥面.

在特殊的情况下，关于 $x$，$y$，$z$ 的齐次方程可能只表示一个原点，这就是说除原点外曲面上再也没有别的实点.

例如：$x^2+y^2+z^2=0$ 这样的曲面，我们又常常把它叫作具有实顶点的虚锥面.

关于锥面的几个备注：

（1）锥面被它的准线和顶点完全确定；

（2）锥面的准线并不是唯一的，准线可以是空间曲线. 任何一个与母线不平行的平面和锥面的交线都可作为它的准线；

（3）锥面的所有母线都通过顶点，锥面是直纹面；

（4）平面可看成一个特殊的锥面.

## 3.2 圆锥面与圆锥曲线

下面，我们来介绍锥面中最重要也是最常见的圆锥面，以及圆锥面与平面相交形成的截痕——圆锥曲线. 圆锥面一般有两侧，这两侧关于顶点中心对称.

二维码 3.2
视频：圆锥面与
圆锥曲线

### 3.2.1 圆锥面与平面的截痕——圆锥曲线

早在公元前 3 世纪，古希腊的数学家就已经知道圆锥面与空间平面的各种截痕是圆锥曲线（图 3-2-1）.

（1）当平面只与圆锥面一侧相交，且不过圆锥顶点，并与圆锥面的轴垂直，得到的截

痕是圆.

（2）当平面只与圆锥面一侧相交（平面与圆锥面的轴的夹角大于半顶角），且不过圆锥顶点，得到的截痕为椭圆.

（3）当平面与圆锥面的母线平行，且不过圆锥顶点，得到的截痕是抛物线.

（4）当平面与圆锥面两侧都相交（平面与圆锥面的轴的夹角小于半顶角），且不过圆锥顶点，得到的截痕为双曲线（两支）.

除了以上四种情形外，还有 3 种退化的情形：

（5）当平面与圆锥面的母线平行，且过圆锥顶点，截痕退化为一条直线.

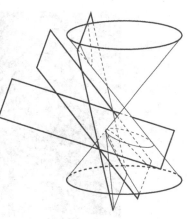

图 3-2-1

（6）当平面与圆锥面两侧都相交，且过圆锥顶点，截痕为两条相交直线（锥面也是直纹面）.

（7）当平面只与圆锥面一侧相交，且过圆锥顶点，截痕退化为一个点.

## 3.2.2 圆锥曲线的前世今生

两千多年前，古希腊数学家最先开始研究圆锥曲线，并获得了大量的成果. 古希腊数学家阿波罗尼（约前 262—约前 190）在其巨著《圆锥曲线论》写到，采用平面切割圆锥的方法来研究圆锥曲线. 用垂直于锥轴的平面去截圆锥，得到的是圆；把平面渐渐倾斜，得到椭圆；当平面倾斜到"和且仅和"圆锥的一条母线平行时，得到抛物线；当平面再倾斜一些就可以得到双曲线.

阿波罗尼曾把椭圆叫作"亏曲线"，把双曲线叫作"超曲线"，把抛物线叫作"齐曲线".

事实上，阿波罗尼在其著作中使用纯几何方法已经取得了今天高中数学中关于圆锥曲线的全部性质和结果.

阿波罗尼的《圆锥曲线论》是古希腊光辉的科学成果，它将圆锥曲线的性质网罗殆尽，几乎使后人没有插足的余地.《圆锥曲线论》是一部经典巨著，它可以说是代表了希腊几何的最高水平，自此以后，几何便没有实质性的进步. 直到 17 世纪的帕斯卡和笛卡儿才有了新的突破.

阿波罗尼（见图 3-2-2）常和欧几里得（见图 3-2-3）、阿基米德（见图 3-2-4）合称为亚历山大前期三大数学家. 时间约为公元前 300 年到公元前 200 年，这是希腊数学的全盛时期或"黄金时代".

到 16 世纪，有两件事促使了人们对圆锥曲线做进一步研究.

一是德国天文学家开普勒（Kepler，1571—1630）（见图 3-2-5）继承了哥白尼的日心说，揭示出行星按椭圆轨道环绕太阳运行的事实；

图 3-2-2

图 3-2-3

图 3-2-4

二是意大利物理学家伽利略（Galileo，1564—1642）（见图 3-2-6）得出物体斜抛运动的轨道是抛物线.

图 3-2-5

图 3-2-6

人们发现圆锥曲线不仅是依附在圆锥面上的静态曲线，而且是自然界物体运动的普遍形式. 由此可见，圆锥曲线对科学发展的贡献.

17 世纪，法国的两位数学家笛卡儿（1596—1650）（见图 3-2-7）和费马（1601—1665）（见图 3-2-8）创立了解析几何，人们对圆锥曲线的认识进入了一个新阶段，对圆锥曲线的研究方法既不同于阿波罗尼，又不同于投射法和截影法，而是朝着解析法的方向发展，即通过建立坐标系，得到圆锥曲线的方程，进而利用方程来研究圆锥曲线，以期摆脱几何直观而达到抽象化，对圆锥曲线的研究达到了高度概括和统一.

坐标系的创立，是数学发展史上的里程碑. 从某种意义上说，圆锥曲线的研究极大地促进了数学的发展.

图 3-2-7 图 3-2-8

### 3.2.3 奇幻的锥面

对于同一个圆锥面，与不同的平面相交，截痕可以是圆、椭圆、抛物线、双曲线等.

而锥面的准线并不是唯一的，准线可以是空间曲线，也可以是任何一个与母线不平行的平面和锥面的交线. 也就是说，同一个圆锥面，其准线可以是圆，也可以是椭圆、抛物线、双曲线.

以空间任意的一条双曲线为准线，只要选择合适的顶点，也可生成一个圆锥面! 同理，空间任意的一个椭圆、抛物线，选择合适的顶点，同样可生成圆锥面!

反之，空间的一个圆，若选择的顶点，不在过该圆圆心垂直于圆所在平面的直线上，那这样生成的锥面就不再是圆锥面了，而只是一般的锥面了. 这种锥面也称为斜头锥，我国长征五号运载火箭，下部有四个斜头锥的助推器!

准线是圆，不一定生成圆锥面；准线不是圆，倒可生成圆锥面. 准线的类型，并不能决定锥面的类型，大家是否觉得锥面很奇幻呢？

## 3.3 锥面应用案例赏析

前两节我们分别介绍了锥面以及圆锥曲线的相关概念与性质，那么锥面在科学、工程、产品设计和日常生活中有哪些应用呢？今天我们介绍锥面的应用案例，具体来说，我们将分别从航空航天、建筑设计、产品设计等几个方面来介绍锥面的应用.

二维码 3.3
视频：锥面应用
案例赏析

### 3.3.1 锥面在航空航天领域的应用

长征五号系列运载火箭，又称"大火箭""胖五"，是中国新一代运载火箭.

2020 年 5 月 5 日，长征五号 B 运载火箭成功首飞. 长征五号的箭体结构分芯级和助推器两部分，由多个功能各异的部件和组件构成.

东风-41 型洲际弹道导弹是中国战略核力量的重要支撑. 最大射程可达 14000km, 攻击目标的偏差只有 100m, 并且可以携带 6 到 10 枚分导式弹头, 对手很难拦截, 被称为国之重器.

运载火箭和导弹统称为航天器, 飞行环境可以是大气层也可以是太空, 是依靠向后喷射高温高压气体产生的反作用力飞行. 我们注意到运载头部是一个近似圆锥面的形状称之为球锥形. 在航空航天的火箭、导弹、飞机机头设计中, 锥面的空气动力学特性起到了至关重要的作用.

航天器的头部形状采用球锥形的设计, 是有其科学依据的, 科学研究表明, 球锥形是高超声速条件下最稳定的. 航空器的设计非常复杂, 要考虑的因素很多, "长征五号"头部设计采用的是"冯·卡门(钱学森等人的老师, 被称为"航空航天时代的科学奇才")曲线", 是圆锥面的改进型, 其展开面是立体的(圆锥面的展开图是平面的).

我国的超声速隐形战斗机歼-20, 2019 年 10 月 13 日正式列装人民空军, 其性能保密. 歼-20 是我国自主研制的第五代战斗机, 已成为亚太区域领跑的优势战机.

大型民航客机一般是亚声速飞机. 飞机不同于火箭, 飞机是近地飞行, 飞行环境是大气层, 是靠机翼的上下气压差来提供升力的, 因此其机头设计的锥面有明显的上下差异, 属更一般的锥面. 与客机相比, 歼-20 是超声速飞机, 其头部锥面就显得更尖锐, 像鸟嘴. 客机的头部显得要圆润一些.

### 3.3.2 锥面在建筑设计中的应用

从古老的蒙古包(见图 3-3-1)、欧洲中世纪城堡(见图 3-3-2)到现代建筑设计(见图 3-3-3), 人们总可以在圆锥面中获取灵感.

图 3-3-1

图 3-3-2

图 3-3-3

蒙古包是古代高纬度游牧民族智慧的结晶，其屋顶是圆锥面．因圆锥面是直纹面，其直母线可作为建筑的骨架和支撑，结构稳定，节省材料，同时又便于拆解、迁徙．

又如，世界著名建筑悉尼歌剧院的贝壳状外形设计，其设计灵感源自风帆，而风帆就是一种锥面．

### 3.3.3　锥面在工业设计上的应用

锥面在工业设计上也有广泛应用．从锥面紧固件到锥面钻头（见图3-3-4），再到锥齿轮（见图3-3-5），锥面设计展现出自己的独特魅力．

图　3-3-4　　　　　　　　　　　图　3-3-5

锥面紧固件比平面紧固件密封性更好，广泛应用于易燃易爆、有毒有害的液体和气体的密封、运输．

锥齿轮也叫作伞齿轮，可以完成特殊要求的动力传输，广泛应用于工业传动设备、车辆差速器、机车、船舶、电厂、钢厂和铁路轨道检测等．

锥面钻头也有其独特的用处．

### 3.3.4　锥面在仪器设备上的应用

锥面在仪器设备上也有应用．如化学仪器中的锥形瓶（见图3-3-6）、光学锥镜等．

锥形瓶是由硬质玻璃制成的纵剖面呈三角形状的滴定反应器．口小、底大，利于滴定过程振荡时反应充分而液体不易溅出．锥形瓶一般使用于滴定实验中．为防止滴定液下滴时会溅出瓶外，造成实验误差，将瓶子放置搅拌器上搅拌．可用手握住瓶颈以手腕晃动，搅拌均匀．盛装反应物，定量分析，回流加热，其外形使它适合这些工作．其长颈部分除便加塞子，也能减慢加热时的流失及避免化学物品溢出，而平且宽阔的底部使锥形瓶盛载更多的溶液、便于玻璃棒搅拌及锥形瓶平放在桌上．锥形瓶十分常见，且形状有趣，所以常当作化学实验或化学相关的象征．

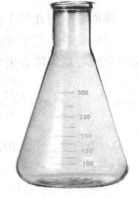

光学锥镜是光学仪器的重要部件，其特殊的光学特性广泛应用于天文望远镜、光学显微镜、激光、光纤传输等领域．

### 3.3.5　日常生活中的锥面设计

日常生活中的锥面设计，让我们的生活丰富多彩．从冰激凌的造型（见图3-3-7）、水杯（见图3-3-8）、异形椅子（见图3-3-9）

图　3-3-6

到吊灯设计（见图3-3-10），锥面也渗透到了生活中的方方面面.

图　3-3-7

图　3-3-8

图　3-3-9

图　3-3-10

　　锥面是空间几何中应用非常广泛的一类曲面，我们分别从航空航天、建筑设计、产品设计、仪器设备等五个方面进行了应用案例赏析，大家是不是觉得处处皆数学呢？让我们在生活中更细心地去体会更多更精彩的例子吧！

## 习　题　三

1. 单选题：下面的曲面方程，表示锥面的是（　　　）.

A. $x^2 + y^2 - z^2 = 1$

B. $x^2 + y^2 + z^2 = 1$

C. $x^2 - y^2 - z^2 = 1$

D. $x^2 + y^2 - z^2 - 2x - 4y - 4z + 1 = 0$

解析：此题需配方，得到关于 $(x-1, y-2, z+3)$ 的齐次方程，表示顶点在 $(1,2,-2)$

的锥面方程.

2. 单选题：下列不属于平面与圆锥面交线的曲线是（　　　）.

A. 椭圆　　　　　B. 相交直线　　　　C. 圆锥螺线　　　D. 抛物线

解析：圆锥螺线在圆锥面上，但属于空间曲线. 平面与圆锥面的交线有：圆、椭圆、双曲线、抛物线、相交直线、一条直线和点.

3. 单选题：下面不能由直线生成的几何图形是（　　　）.

A. 柱面　　　　　B. 球面　　　　　C. 锥面　　　　　D. 平面

解析：平面、柱面、锥面共同的特征是可由直线生成，还有其他类似曲面但不包括球面.

4. 判断题：锥面的准线一定是平面曲线.

解析：锥面的准线是指与锥面的直母线都相交的曲线，不一定是平面曲线，可以是空间曲线.

5. 判断题：航天器的头部形状采用锥面的形状，是有其科学依据的，因为球锥形是高超声速条件下最稳定的.

解析：航天器的头部形状采用锥面的形状是充分利用锥面的动力学性能.

# 第4章 旋转曲面

前面我们学习了柱面、锥面，下面开启旋转曲面的学习．众所周知，在空间几何模型中，旋转曲面是最为重要的一类曲面，不仅因为其在自然界中大量普遍存在，还因为其在人类社会中，是应用最为广泛的一类曲面．这到底是为什么呢？这类曲面蕴含着什么数学科学原理？旋转曲面家族中又有哪些成员？这些成员在各个领域发挥着怎样的作用呢？让我们在这一章节的学习中来揭晓答案吧！

## 4.1 旋转曲面的概念、方程、性质

### 4.1.1 旋转曲面的概念

**定义** 在空间中，一条定曲线 $C$ 绕着定直线 $L$ 旋转一周所生成的曲面叫作旋转曲面，或称回转曲面．定曲线 $C$ 称为旋转曲面的母线，定直线 $L$ 称为旋转曲面的旋转轴．母线上每一点旋转都将生成一个圆，称为纬圆或纬线．过旋转轴的半平面与旋转曲面的交线称为经线．显然，经线是平面曲线，可以作为旋转曲面的母线．

如图 4-1-1 所示，心形线若绕其对称轴旋转一周则可生成旋转曲面．心形线就是此旋转曲面的母线也是经线．若圆绕其直径（对称轴）旋转一周，则生成球面，球面是旋转曲面．

二维码 4.1

视频：旋转曲面的概念、方程、性质

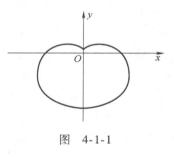

图 4-1-1

### 4.1.2 旋转曲面的方程

如图 4-1-2 所示，设旋转曲面的母线为空间曲线

$$\begin{cases} F_1(x,y,z)=0, \\ F_2(x,y,z)=0, \end{cases}$$

旋转轴为直线

$$\frac{x-x_0}{X}=\frac{y-y_0}{Y}=\frac{z-z_0}{Z}.$$

在母线上任取一点 $M_1(x_1,y_1,z_1)$，则过 $M_1$ 的纬圆方程为

$$\begin{cases} X(x-x_1)+Y(y-y_1)+Z(z-z_1)=0, \\ (x-x_0)^2+(y-y_0)^2+(z-z_0)^2=(x_1-x_0)^2+(y_1-y_0)^2+(z_1-z_0)^2. \end{cases}$$

又 $M_1$ 在母线上，有

$$\begin{cases} F_1(x_1,y_1,z_1)=0, \\ F_2(x_1,y_1,z_1)=0. \end{cases}$$

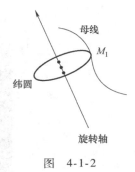

图 4-1-2

于是联立纬圆方程组消去 $x_1$，$y_1$，$z_1$，即得旋转曲面的方程.

显然，若一般的空间曲线绕空间直线旋转，求旋转曲面的方程，其计算量是非常大的，因此我们进行简化：选取经线作为母线并选取适当坐标系，让旋转轴为坐标轴，母线为坐标曲线推导旋转曲面的方程.

**例** 求曲线 $C: \begin{cases} f(y,z)=0, \\ x=0 \end{cases}$ 绕 $z$ 轴旋转一周得到的旋转曲面 $S$ 的方程.

**解** 曲面上任一点 $M$ 一定是在母线上一点 $M_1(x_1,y_1,z_1)$ 旋转而生成的纬圆上，如图 4-1-3 所示，过 $M_1$ 的纬圆方程为

$$\begin{cases} z-z_1=0, \\ x^2+y^2+z^2=x_1^2+y_1^2+z_1^2, \end{cases}$$

故 $z=z_1$，又 $M_1$ 满足母线方程，有 $\begin{cases} f(y_1,z_1)=0, \\ x_1=0, \end{cases}$

故 $x_1=0$. 于是，$y_1=\pm\sqrt{x^2+y^2}$，将 $z_1=z$，$y_1=\pm\sqrt{x^2+y^2}$ 代入母线方程的核心式子：$f(y_1,z_1)=0$，得旋转曲面方程

$$S: f(\pm\sqrt{x^2+y^2},z)=0.$$

若曲线 $C: \begin{cases} f(y,z)=0, \\ x=0 \end{cases}$ 绕 $y$ 轴旋转，同理可得旋转曲面方程为 $f(y,\pm\sqrt{x^2+z^2})=0$.

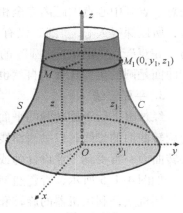

图 4-1-3

**结论**：一般坐标曲线绕坐标轴旋转所得旋转曲面方程的求法是将坐标曲线方程保留和旋转轴同名的坐标，而以其他两坐标的平方和的平方根来代替坐标曲线方程的另一坐标. 例如：曲线 $C: \begin{cases} f(x,z)=0, \\ y=0 \end{cases}$ 绕 $x$ 轴旋转，得旋转曲面方程为 $f(x,\pm\sqrt{y^2+z^2})=0$.

## 4.1.3 旋转曲面的性质

图 4-1-4 所示是位于中国绍兴纺城的回转艺廊. 旋转曲面在自然界中普遍存在，在人类社会中有着广泛的应用性，究其原因是由于旋转曲面具有以下良好的性质.

**1. 对称性**

旋转曲面关于旋转轴是轴对称图形. 对称性是事物生存发展的普遍规律，几个世纪以来，对称性启发科学家们在整个宇宙中，找到了潜在的联系和基本的关系. 图形具有对称性，在数学上也称之为具有对称美. 对称性数学美让旋转曲面被人们所喜爱并得以广泛应用.

图　4-1-4

### 2. 纬线圆

母线上任一点绕旋转轴旋转一周得到纬线圆. 因此, 用垂直于旋转轴的平面去截旋转曲面得到的截线都是圆, 旋转曲面由这一系列圆所生成. 而圆是宇宙中最基本的形状, 大到天体, 小到微生物, "圆" 无处不存, 无所不在! 另外, "圆", "一中同长也", 即从其周边任意一点到中心点的距离完全相等, 因而没有角、没有棱、没有刺, 故不易自损, 也不易伤人, 所以深得人心. "圆" 没有 "前后", 也分不出 "上下" 与 "左右", 更谈不上 "方向" 与 "正反", 正是由于 "圆" 的这些特性才决定了它广泛存在于世间并深受人们青睐. 而旋转曲面是圆的集大成者, 自然也不例外.

### 3. 平面经线

经过或平行于旋转轴的平面去截旋转曲面得到的截线为平面曲线, 称为经线. 经线可作为旋转曲面的母线, 以平面曲线作为母线, 制作工艺简单容易成型且产品简洁大方, 因此, 旋转曲面一直受到工业设计师或建筑设计师, 甚至艺术设计师们的青睐.

如图 4-1-5 所示, 青瓷造型的主要工艺就是拉坯成型. 所谓拉坯, 就是把揉好的泥巴放在拉坯机上, 利用机器的旋转和手的力量将黏土拉成所需形状的过程, 这样的工艺出来的产品自然就是旋转曲面了! 能工巧匠们依靠手的力量进行灵巧塑形, 其实控制的就是旋转曲面

图　4-1-5

的经线，不同的曲线决定了坯体成型效果. 所以，经线是区别于不同旋转曲面的本质特征.

一般地，经线是什么曲线就叫作旋转什么面. 例如：旋转椭圆面（也称旋转椭球面）、旋转双曲面、旋转抛物面等. 圆柱面、圆锥面和球面是最常见的旋转曲面. 球面就是半圆绕直径旋转而成的曲面，也是特殊的旋转椭圆面，这些曲面在相关的章节中也会涉及.

本节我们知道了旋转曲面的概念及动态生成，知道了旋转曲面一般方程的求法，掌握了旋转曲面的重要性质及命名方法，你是不是觉得旋转曲面很有趣很有用呢？下一节，我们来认识更多的特殊旋转曲面及其应用.

## 4.2 特殊旋转曲面的类型及应用

二维码 4.2

视频：特殊旋转
曲面类型介绍

旋转曲面在人类社会的生产生活实践中大量普遍存在，而这些旋转曲面的经线往往是一些特殊的曲线，本节将对特殊旋转曲面的类型及应用做介绍.

### 4.2.1 特殊旋转曲面的概念

**1. 定义**

特殊旋转曲面是指平面实二次曲线绕直线旋转一周得到的旋转曲面.

根据二次曲线的理论，平面实二次曲线分为椭圆（圆）、双曲线、两相交直线、两平行直线和抛物线等几种类型. 图 4-2-1 所示就是椭圆绕其对称轴旋转而生成的曲面.

**2. 方程的求法**

根据 4.1 节例题可知，以二次曲线为坐标曲线，以二次曲线的对称轴及旋转轴为坐标轴建立适当坐标系. 然后，保留二次曲线方程中和旋转轴同名的坐标，而以其他两坐标的平方和的平方根来代替二次曲线方程的另一坐标就可得到特殊旋转曲面的方程.

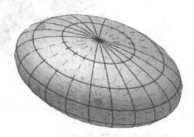

图 4-2-1

### 4.2.2 特殊旋转曲面的类型

根据作为经线的平面实二次曲线的类型，我们得到相应的特殊旋转曲面的类型.

从 2.1 节中，我们不难发现，一直线绕其平行直线旋转一周将生成圆柱面，而在 4.1 节中，我们介绍了圆绕直径旋转得到球面，故圆柱面与球面都是特殊的旋转曲面，除此之外，我们再介绍其他六类，分别是旋转椭球面、双叶旋转双曲面、单叶旋转双曲面、旋转锥面（圆锥面）、旋转抛物面与圆环面.

### 4.2.3 特殊旋转曲面的方程及应用

**1. 旋转椭球面**

旋转椭球面顾名思义，是由椭圆旋转而成. 如图 4-2-2 所示，椭圆 $\dfrac{x^2}{a^2} + \dfrac{y^2}{b^2} = 1$，$z = 0$，

$a > b > 0$，绕 $x$ 轴（长轴）旋转，椭圆方程中保留 $x$ 不变，$y$ 用 $\pm\sqrt{y^2+z^2}$ 代入，即得长形旋转椭球面方程 $\dfrac{x^2}{a^2}+\dfrac{y^2}{b^2}+\dfrac{z^2}{b^2}=1$，方程特点是三项平方和为 $1$，而其中有两项分母相同.

上面同样的椭圆 $\dfrac{x^2}{a^2}+\dfrac{y^2}{b^2}=1$，$z=0$，$a>b>0$，绕 $y$ 轴（短轴）旋转，椭圆方程中保留 $y$ 不变，$x$ 用 $\pm\sqrt{x^2+z^2}$ 代入即得扁形旋转椭球面方程 $\dfrac{x^2}{a^2}+\dfrac{y^2}{b^2}+\dfrac{z^2}{a^2}=1$.

旋转椭球面在生活中随处可见，如图 4-2-3 所示，长形旋转椭球面如橄榄球，扁形旋转椭球面如灯笼，简洁的曲线旋转而成的对称曲面，制作工艺简单且外形简约大方.

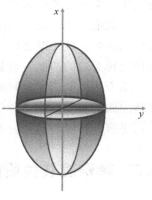

图 4-2-2

图 4-2-3

### 2. 双叶旋转双曲面

双叶旋转双曲面顾名思义，是由双曲线旋转而成，怎么会是双叶呢，如图 4-2-4 所示.

双曲线 $\dfrac{x^2}{a^2}-\dfrac{y^2}{b^2}=1$，$z=0$，绕 $x$ 轴（实轴）旋转，两支双曲线各自旋转生成了两部分，叫作双叶旋转双曲面.

方程 $\dfrac{x^2}{a^2}-\dfrac{y^2}{b^2}=1$ 中保留 $x$ 不变，$y$ 用 $\pm\sqrt{y^2+z^2}$ 代入即得双叶旋转双曲面方程 $\dfrac{x^2}{a^2}-\dfrac{y^2}{b^2}-\dfrac{z^2}{b^2}=1$.
方程的特点是三项中有两项是负的、双叶，且负的两项分母相同.

### 3. 单叶旋转双曲面

单叶旋转双曲面也是双曲线旋转而成的，怎么会是单叶呢，如图 4-2-5 所示.

双曲线 $\dfrac{x^2}{a^2}-\dfrac{y^2}{b^2}=1$，$z=0$，绕 $y$ 轴（虚轴）旋转，两支双曲线旋转生成的是同一部分，叫作单叶旋转双曲面.

方程 $\dfrac{x^2}{a^2}-\dfrac{y^2}{b^2}=1$ 中保留 $y$ 不变，$x$ 用 $\pm\sqrt{x^2+z^2}$ 代入即得单叶旋转双曲面方程 $\dfrac{x^2}{a^2}-\dfrac{y^2}{b^2}+\dfrac{z^2}{a^2}=1$.

方程特点是三项中只有一项是负的、单叶，且正的两项分母相同.

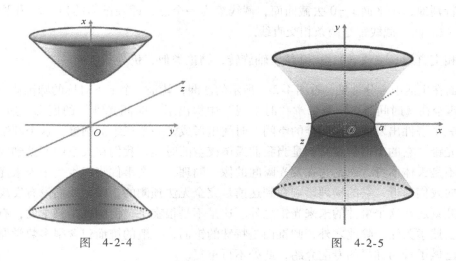

图 4-2-4　　　　　　　　　　　　　图 4-2-5

单叶旋转双曲面属于特殊的单叶双曲面，在建筑工程方面有着重要的应用. 例如，工厂冷却塔就是单叶旋转双曲面，如图 4-2-6 所示，这种结构的特点不仅使双曲面的建造成本最为经济，而且曲面的结构强度和抗变能力很强，同时中间收窄两端拓宽的设计使得在同样的淋雨面积下，进出口的面积可以更大，有助于增加风量，从而达到更高效的冷却效果. 除此之外，单叶双曲面还有很多数学原理，后续将在 5.3 节做详细的专题介绍.

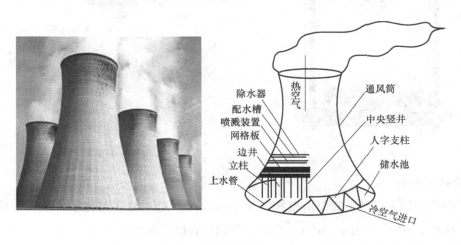

图 4-2-6

## 4. 旋转锥面

旋转锥面即圆锥面，它是由两条相交直线 $\dfrac{x^2}{a^2}-\dfrac{y^2}{b^2}=0$，$z=0$ 绕 $x$ 轴或 $y$ 轴（对称轴）旋转得到.

曲线方程中 $\dfrac{x^2}{a^2}-\dfrac{y^2}{b^2}=0$ 保留 $x$ 不变，$y$ 用 $\pm\sqrt{y^2+z^2}$ 代入即得旋转锥面方程 $\dfrac{x^2}{a^2}-\dfrac{y^2}{b^2}-\dfrac{z^2}{b^2}=0$，

显然，这是一个二次齐次方程，若用 $x$ 为常数的平面去截曲面，将得到一系列的圆，曲面为圆锥面. 特别地，用平面 $x=0$ 去截曲面，截线缩为一个点，即圆锥面的顶点. 用平面 $y=0$ 或 $z=0$ 去截曲面，截线都是两条相交直线.

两条相交直线 $\dfrac{x^2}{a^2}-\dfrac{y^2}{b^2}=0$，$z=0$ 绕 $y$ 轴旋转，结论类似，仍为圆锥面.

圆锥面在生活中十分常见，看图 4-2-7 所示的沙漏，就是一个上下对称的圆锥体. 著名的物理学家霍金在《时间简史》第二章"时空观"中提出了"时间光锥"的概念，如图 4-2-8 所示，从一个事件出发的光在四维的空间、时间里形成了一个三维的圆锥，这个圆锥称为事件的过去光锥，它的宇宙学意义就是当我们遥望夜空的时候，我们在天空中所见到的任何一个天体都不是天体本身，而是它在发光瞬间的像. 同理，一个事件将产生一个未来光锥，事件以光速向我们逼近，它的物理影响在到达前是完全无法预测的，因为我们没有发现事件发生，我们此刻还在这个事件的未来光锥之外. 这是不是很玄乎，但的确是科学的，有兴趣的同学可以去搜索关注. 除此之外，圆锥面是特殊的锥面，一般的锥面包含很多数学原理，前面第 3 章已做了较为详尽的专题介绍，此处不再重复.

图　4-2-7

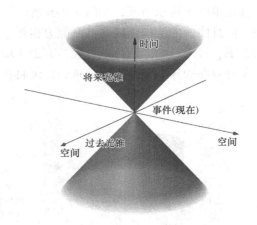

图　4-2-8

### 5. 旋转抛物面

旋转抛物面顾名思义，它是由抛物线 $y^2=az$，$x=0$ 绕 $z$ 轴（对称轴）旋转而成. 方程 $y^2=az$ 中保留 $z$ 不变，$y$ 用 $\pm\sqrt{x^2+y^2}$ 代入，得到旋转抛物面方程 $x^2+y^2=az$.

旋转抛物面具有非常良好的性质：所有抛物线具有公共焦点，平行光经曲面反射后将聚焦为同一点. 这一性质在科技中有着重要的应用. 如卫星接收装置，在焦点处接收信息，信号最强，还有太阳灶、雷达，如图 4-2-9 所示，20 世纪 90 年代电视信号接收器也是同种装置. 著名的位于贵州省平塘县的球面射电望远镜，如图 4-2-10 所示. 它是以中国科学院国家天文台南仁东教授为主导的团队呕心沥血建造而成的一座望远镜，是世界上最大单口径、最灵敏的射电望远镜，被誉为"中国天眼". 其主动反射面系统就是 500m 口径的可调节球面（基准球面）. 工作态时反射面被调节为一个 300m 口径的近似旋转抛物面（工作抛物面），至 2021 年已发现 206 颗新脉冲星，是天文学史上伟大的创造.

图 4-2-9               图 4-2-10

### 6. 圆环面

由一个圆 $(x-R)^2+y^2=r^2(R>r>0)$，$z=0$ 绕 $y$ 轴旋转，得圆环面，如图 4-2-11 所示.

圆绕 $y$ 轴旋转，方程 $(x-R)^2+y^2=r^2(R>r>0)$ 中保留 $y$ 不变，$x$ 用 $\pm\sqrt{x^2+z^2}$ 代入即得圆环面方程

$$(\pm\sqrt{x^2+z^2}-R)^2+y^2=r^2,$$

或 $\quad (x^2+y^2+z^2+R^2-r^2)^2=4R^2(x^2+z^2)$.

这是一个高次方程，从拓扑学的角度来说，此曲面与之前学的曲面不同，有"亏格".

圆环面在生活中随处可见，比如图 4-2-12 所示的救生圈，还有常见的轮胎等.

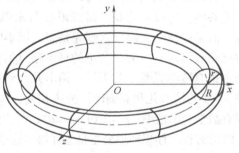

图 4-2-11

同样的圆 $(x-R)^2+y^2=r^2(R>r>0)$，$z=0$，若绕 $x$ 轴旋转，$x$ 保留不变，$y$ 用 $\pm\sqrt{y^2+z^2}$ 代入即得方程 $(x-R)^2+y^2+z^2=r^2(R>r>0)$. 显然，这表示以 $(R,0,0)$ 为圆心，$r$ 为半径的球面，如图 4-2-13 所示. 此例进一步说明了同一曲线绕不同直线旋转，结果不同. 可以说，差之毫厘，失之千里的哲学思想. 在几何学中体现得更为直观，也更加淋漓尽致，这需要我们树立严谨的科学态度掌握透过现象看本质的方法.

图 4-2-12              图 4-2-13

本节，我们介绍了特殊旋转曲面的类型，见识了这些曲面动态的生成过程，掌握了特殊旋转曲面方程的求法，欣赏了部分旋转曲面精彩的应用案例. 大家是不是觉得数学很有趣很有用呢？

## 4.3 旋转曲面应用案例赏析

前面我们学习了特殊旋转曲面的类型及应用. 除了这些常见的特殊旋转曲面外，我们还可以选取一些漂亮的曲线作为旋转曲面的母线，从而生成漂亮的曲面. 本节给大家抛砖引玉，介绍一款浪漫的旋转曲面叫作爱心曲面.

二维码 4.3
视频：旋转曲面
应用案例赏析

### 4.3.1 爱心曲面的前世

爱心曲面的前世为其母线是爱心线. 要说爱心线，曾有某种矿泉水广告的创意来源于笛卡儿爱心线，想以水为媒，寓意浪漫与永恒. 其实，传说中的笛卡儿的爱情故事并不是以水为媒，而是以数学为媒. 这到底是怎么回事呢？话说 52 岁的笛卡儿有一天邂逅了 18 岁的瑞典公主克莉丝汀. 有一天，公主的马车路过街头，看见笛卡儿在研究数学便下车询问. 笛卡儿发现公主很有数学天赋. 几天后，笛卡儿收到通知，国王要求他做公主的数学老师. 其后几年，相差 34 岁的笛卡儿和克莉丝汀公主相爱，国王发现后赶走了笛卡儿. 最后，笛卡儿写给公主一封仅有数学式的情书：$\rho = 2r(1 + \cos\theta)$，公主解出来后非常感动，这就是著名的"心形线"，也叫爱心线的方程. 你想知道公主是怎样解出这个方程的吗？下面我们就来推导爱心线的参数方程.

### 4.3.2 爱心线的参数方程

两等圆外切，一圆绕定圆滚动一周，动圆上初始点 $P$ 的运动轨迹就是笛卡儿心形线，数学够浪漫的吧？我们建立适当的坐标系如图 4-3-1 所示，就可以求出笛卡儿写给公主的爱心线方程啦！

如图 4-3-2 所示，设两等圆的半径为 $r$，动点 $P$ 滚动过的角度为 $\theta$，则两等圆连心线 $AB$ 与 $x$ 轴所成的角也为 $\theta$，$BP$ 与 $x$ 轴所成的角则为 $2\theta$，利用向量加法的多边形法则及向量的坐标等于模长分别乘以方向角的余弦与正弦，则有

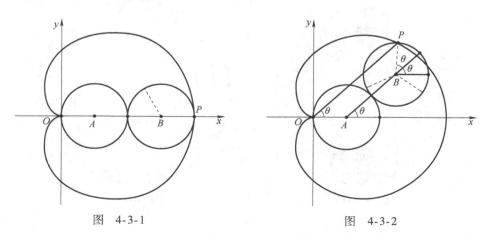

图 4-3-1 　　　　　　　　　　　图 4-3-2

$$\overrightarrow{OP} = \overrightarrow{OA} + \overrightarrow{AB} + \overrightarrow{BP}$$
$$= ri + 2r\cos\theta i + 2r\sin\theta j + r\cos2\theta i + r\sin2\theta j$$
$$= (r + 2r\cos\theta + r\cos2\theta)i + (2r\sin\theta + r\sin2\theta)j$$
$$= 2r\cos\theta(1 + \cos\theta)i + 2r\sin\theta(1 + \cos\theta)j.$$

于是，得到直角坐标系下的笛卡儿爱心线的参数方程

$$\begin{cases} x = 2r\cos\theta(1 + \cos\theta), \\ y = 2r\sin\theta(1 + \cos\theta), \end{cases} \quad 0 \le \theta < 2\pi.$$

将直角坐标化为极坐标，得到

$$\rho = \sqrt{[2r\cos\theta(1 + \cos\theta)]^2 + [2r\sin\theta(1 + \cos\theta)]^2}$$
$$= 2r(1 + \cos\theta).$$

这就是著名的笛卡儿爱心线的极坐标方程.

### 4.3.3　爱心曲面的今生

爱心线完美的曲线造型被人们所喜爱，在美好的世界中随处可见，如搅拌好的咖啡，表示沟通的图案，可爱的微信表情包，还有在庆典活动中应用十分广泛的爱心气球，如图 4-3-3 所示.

图　4-3-3

爱心线浪漫的前世所带来的文化色彩，还被人们广泛地应用于各种产品的设计. 图 4-3-4 所示是 RIMOMWA 项链中的爱心水晶挂坠，是定情的信物. 图 4-3-5 所示则是中国人民银行在 2020 年 5 月 20 日发行的"520（谐音我爱你）"纪念币，这款"百年好合"心形纪念币销量不错. 2021 年 5 月 20 日，中国人民银行继续发行同类不同款称为"琴瑟和鸣"的心形纪念币，真是把"爱心线"的历史文化内涵发挥得淋漓尽致啊！

3g心形精制金质纪念币正面图案

3g心形精制金质纪念币背面图案

图　4-3-4

图　4-3-5

将爱心线沿对称轴旋转一周，得到一款爱心旋转曲面，简称爱心曲面，如图 4-3-6 所示.

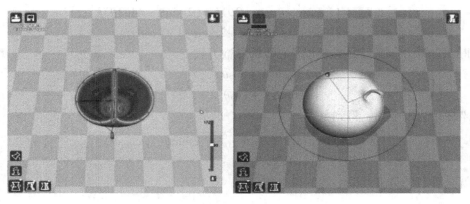

图 4-3-6

再将这一款爱心曲面模型，通过上述方程进行 3D 建模并打印出来，如图 4-3-7 所示.

图 4-3-7

我们惊奇地发现，爱心曲面酷似长相均匀饱满的苹果，毫无疑问，大自然就是数学家！如果我们将其设计成龙泉青瓷产品，是不是很漂亮很有地方特色与满满的历史文化内涵呢？

欣赏了爱心曲面的前世与今生，知道了笛卡儿爱心线的数学方程及其美妙的动态生成过程. 赏析了爱心曲面的浪漫故事以及精美的产品设计案例，大家是不是感受到了数学的趣味性与无穷魅力呢？

## 习 题 四

1. 单选题：描述旋转曲面的动态生成，正确的是（　　）.

A. 纬线绕直线旋转而成　　　　　　　　B. 纬线绕经线旋转而成

C. 母线绕经线旋转而成　　　　　　　　D. 母线绕直线旋转而成

解析：旋转曲面是由定曲线绕定直线旋转而成的，定曲线叫作母线，定直线叫作旋转轴.

2. 单选题：单叶旋转双曲面是（　　）.

A. 双曲线绕对称轴旋转而成　　　　　B. 双曲线绕渐近线旋转而成

C. 双曲线绕虚轴旋转而成　　　　　　D. 双曲线绕实轴旋转而成

解析：双曲线绕虚轴旋转而成一部分为单叶旋转双曲面，双曲线绕实轴旋转而成两部分为双叶旋转双曲面.

3. 单选题："中国天眼"是世界上目前最大单口径的球面射电望远镜，其工作面的主体结构曲面是（　　）.

A. 球面　　　　B. 旋转椭球面　　　　C. 旋转抛物面　　　　D. 圆锥面

解析：利用抛物线的聚集特点，"中国天眼"工作面的主体结构近似为抛物线旋转而成，是旋转抛物面.

4. 判断题：笛卡儿的爱情传说故事并不是以水为媒，而是以数学为媒.

解析：笛卡儿的爱情传说故事是以数学为媒，这个媒就是笛卡儿爱心线.

5. 判断题：曲线 $C$：$\begin{cases} x^2 - 2z^2 = 0, \\ y = 0 \end{cases}$，绕 $x$ 轴旋转，得旋转曲面方程为 $x^2 + y^2 - 2z^2 = 0$.

解析：曲线 $C$ 绕 $x$ 轴旋转得旋转曲面方程为 $x^2 - 2y^2 - 2z^2 = 0$，是圆锥面.

6. 简答题：请提供至少三张以上各种旋转曲面照片或视频并进行解说，字数不少于 100 字.

解析：能够提供不同类型的有亮点有创新的旋转曲面照片或视频，解说时若能突出曲面特点与应用，能结合课堂外的实例来谈，则给以高分.

# 第5章　二次曲面

我们研究的曲面可以简单地分成两类：一类曲面具有较为突出的几何特征，如前面学习过的柱面、锥面和旋转曲面，我们可由轨迹图形出发，去研究它的方程；而另一类曲面，其方程具有特殊的简单形式，我们将从它的方程去研究它的图形. 二次曲面就属于后一类曲面，其方程中变量的最高次为二次. 根据图形是否有对称中心，二次曲面还进一步可以分成有心二次曲面和无心二次曲面. 前者包括椭球面、单叶双曲面和双叶双曲面，后者包括椭圆抛物面和双曲抛物面.

## 5.1　椭球面的概念、方程、性质

### 5.1.1　椭球面的概念和方程

**定义**　在直角坐标系下，由方程

$$\frac{x^2}{a^2} + \frac{y^2}{b^2} + \frac{z^2}{c^2} = 1 \tag{5-1-1}$$

所表示的图形称为椭球面（椭圆面），如图 5-1-1 所示，方程（5-1-1）叫作椭球面的标准方程，其中 $a$, $b$, $c$ 为任意的正常数，通常假定 $a \geqslant b \geqslant c$.

二维码 5.1
视频：椭球面的
概念、方程、性质

### 5.1.2　椭球面的性质

现在我们从方程（5-1-1）出发来讨论椭球面的一些最简单的性质.

**1. 对称性**

由于方程（5-1-1）仅含有坐标的平方项，可见当

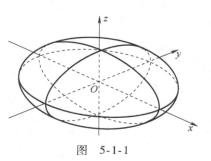

图　5-1-1

$(x,y,z)$ 满足方程（5-1-1）时，那么（$\pm x, \pm y, \pm z$）也一定满足方程，其中正负号可任意选取，因此椭球面（5-1-1）关于三个坐标平面、三个坐标轴以及坐标原点对称. 椭球面的对称平面、对称轴和对称中心分别称之为**主平面**、**主轴**与**中心**.

**2. 顶点、（半）轴和分类**

椭球面（5-1-1）与它的三对称轴即坐标轴的交点分别为（$\pm a, 0, 0$），（$0, \pm b, 0$），$(0, 0, \pm c)$，这六个点称为椭球面（5-1-1）的**顶点**. 同一对称轴上的两顶点间的线段以及它们的长度 $2a$, $2b$, $2c$ 称为椭球面（5-1-1）的**轴**，轴的一半，即中心与各顶点间的线段以

及它们的长度 $a$，$b$，$c$ 称为椭球面（5-1-1）的半轴. 当 $a>b>c$ 时，称 $2a$，$2b$，$2c$ 为椭球面（5-1-1）的长轴、中轴和短轴，而称 $a$，$b$，$c$ 为长半轴、中半轴和短半轴.

当 $a=b=c$ 时，即椭球面三轴相等时，方程（5-1-1）变成

$$x^2+y^2+z^2=a^2.$$

它是一个球面. 当椭球面任意两轴相等时，则它都可以通过一个椭圆绕其对称轴旋转得到，称为旋转椭球面. 例如，方程（5-1-1）中分别有 $a>b=c$ 和 $a=c>b$ 时，方程（5-1-1）分别变成

$$\frac{x^2}{a^2}+\frac{y^2}{b^2}+\frac{z^2}{b^2}=1, \tag{5-1-2}$$

$$\frac{x^2}{a^2}+\frac{y^2}{b^2}+\frac{z^2}{a^2}=1. \tag{5-1-3}$$

它们都可由椭圆

$$\begin{cases}\dfrac{x^2}{a^2}+\dfrac{y^2}{b^2}=1, \\ z=0\end{cases} \qquad (a>b) \tag{5-1-4}$$

旋转得到，其中椭圆（5-1-2）是椭圆（5-1-4）绕 $x$ 轴旋转得到的，是一个长形旋转椭球面，如图 5-1-2 所示，而椭圆（5-1-3）是椭圆（5-1-4）绕 $y$ 轴旋转得到的，是一个扁形旋转椭球面，如图 5-1-3 所示. 显然，球面和旋转椭球面都是椭球面（5-1-1）的特例. 当椭球面（5-1-1）的三轴都不相等时，称为三轴椭球面.

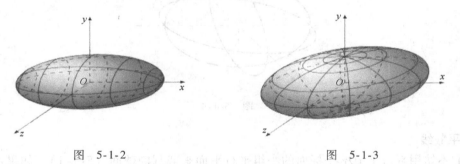

图 5-1-2　　　　　　　　　　　　　　图 5-1-3

### 3. 有界性

由椭球面的方程（5-1-1）可知，椭球面上任意一点的坐标 $(x,y,z)$ 总有

$$|x|\le a,|y|\le b,|z|\le c,$$

即椭球面被封闭在一个长方体的内部，这个长方体的六个面方程分别为

$$x=\pm a,y=\pm b,z=\pm c.$$

### 5.1.3　椭球面的基本形状

为能够看出曲面的大致形状，我们考虑曲面与一组平行平面的交线，这些交线都是平面曲线，当我们对这些平面曲线形状都已了解清楚时，曲面的大致形状也就看出来了，这就是所谓利用平行平面的截口（指曲面与平面的交线）来研究曲面图形的方法，称为**平行截割法**，为了方便起见，常取与坐标面平行的一组平面.

由于坐标平面与曲面的交线在曲面研究中起着重要的作用，称之为主截线，而其他与坐标面平行的平面与曲面的交线称为平截线.

**1. 主截线**

用坐标面 $z=0$，$y=0$，$x=0$ 分别来截割椭球面（5-1-1），那么所得截口（即交线）方程分别是

$$\begin{cases} \dfrac{x^2}{a^2}+\dfrac{y^2}{b^2}=1, \\ z=0, \end{cases} \tag{5-1-5}$$

$$\begin{cases} \dfrac{x^2}{a^2}+\dfrac{z^2}{c^2}=1, \\ y=0, \end{cases} \tag{5-1-6}$$

$$\begin{cases} \dfrac{y^2}{b^2}+\dfrac{z^2}{c^2}=1, \\ x=0. \end{cases} \tag{5-1-7}$$

显然，截口都是各坐标面上的椭圆，主截线（5-1-5）～主截线（5-1-7）称为椭球面（5-1-1）的主椭圆，如图 5-1-4 所示.

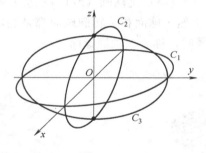

图 5-1-4

**2. 平截线**

我们不妨用平行于 $xOy$ 坐标面的一组平行平面来截割椭球面（5-1-1），如果用平行于其他坐标面的平面来截割，情况类似. 以平面 $z=h$ 截割（5-1-1），其截线方程为

$$\begin{cases} \dfrac{x^2}{a^2}+\dfrac{y^2}{b^2}=1-\dfrac{h^2}{c^2}, \\ z=h. \end{cases} \tag{5-1-8}$$

当 $|h|>c$ 时，式（5-1-8）不表示任何实图形，这意味着平面 $z=h$ 与椭球面（5-1-1）不相交；当 $|h|=c$ 时，式（5-1-8）所示的图形是平面 $z=h$ 上的一个点 $(0,0,c)$ 或 $(0,0,-c)$；当 $|h|<c$ 时，式（5-1-8）所示的图形是平面 $z=h$ 上的一个椭圆，这个椭圆的两半轴分别是

$$a\sqrt{1-\dfrac{h^2}{c^2}}\ \text{与}\ b\sqrt{1-\dfrac{h^2}{c^2}}.$$

它的两轴的端点分别是 $\left(\pm a\sqrt{1-\dfrac{h^2}{c^2}},0,h\right)$ 与 $\left(0,\pm b\sqrt{1-\dfrac{h^2}{c^2}},h\right)$，容易知道两轴的端点分别

在主椭圆（5-1-6）与主椭圆（5-1-7）上，如图 5-1-5 所示.

这样，椭球面（5-1-1）可以看成是由一个椭圆的变动（大小位置都改变）而产生的，这个椭圆在变动中保持所在平面与 $xOy$ 面平行，而端点分别在另外两个主椭圆（5-1-6）与主椭圆（5-1-7）上滑动，如图 5-1-6 所示.

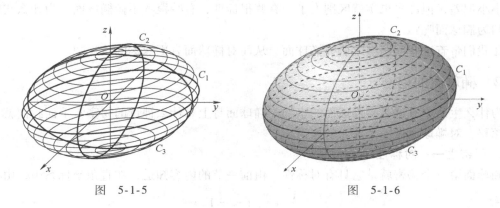

图　5-1-5　　　　　　　　　　　图　5-1-6

## 5.2　椭球面应用案例赏析

数学来自生活，特别是物体总是以一定的形状存在，因此对于各种曲面，我们总是可以在生活中找到它们的影子. 而在所有的曲面中，我们发现椭球面可能是最常见的.

二维码 5.2
视频：椭球面
应用案例赏析

### 5.2.1　生活中的椭球面

加之球面是特殊的椭球面，生活中的椭球面可谓随处可见，如图 5-2-1 所示. 例如，各种球：篮球、排球、足球、乒乓球、橄榄球等，各种果实：西红柿、土豆、番薯、橄榄、橘子等，各种蛋：鸡蛋、鸭蛋、鹌鹑蛋等，以及珍珠、地球仪、药丸等. 总之，生活中处处都存在椭球面.

图　5-2-1

欣赏完了生活中椭球面的实例，一个很自然的问题就出现了：为什么生活中有这么多椭球面的事物？有句话叫"存在即合理"，那么大量椭球面存在的背后有什么道理呢？

我们还发现，各种球类以及地球仪等是比较标准的椭球面，各种蛋也接近椭球面，可能有些小小偏差，但许多果实就区别大了，有些很标准，有些根本不像椭球面．为什么我们还将它归为椭球面呢？

让我们带着这些问题继续研究椭球面，从而对椭球面有更深刻的认识吧．

## 5.2.2　椭球面的秘密

为什么生活中有这么多椭球面的事物？椭球面身上有什么神奇的秘密？下面我们就开始寻幽探秘，对椭球面做一个深入的探讨．

**1. 秘密之一：对称性**

椭球面第一个秘密就是它具有对称性．由前一节的内容知道，在直角坐标系中，由方程

$$\frac{x^2}{a^2} + \frac{y^2}{b^2} + \frac{z^2}{c^2} = 1$$

所表示的椭球面（椭圆面）关于三个坐标平面、三个坐标轴以及坐标原点对称．尽管还有其他曲面（如即将学习的双曲面）也具有上面的对称性，但它们不像椭球面，在三轴方向的形状也基本一样．总而言之，椭球面是地球上最具有对称性的几何形状，尤其是球面，在各个方向都是一致的．

椭球面具有良好的对称性是生活中大量存在椭球面的重要原因之一．首先，椭球面，特别是球面，具有全方位对称，任意方向滚动摩擦力小，因此涉及运动的各类球都是椭球面（球面）的．其次，对称美是美学中最重要的一种美，爱美之心，人皆有之，因此生活中许多装饰品和用具器皿都是椭球面，甚至是球面（因为球面更对称）．最后，生活中存在大量旋转椭球面，不仅因为它比三轴椭球面（即三轴都不相等的椭球面）更对称，更漂亮，如图 5-2-2 所示的铁树果，而且它们可以由椭圆曲线旋转生成，生产工艺简单．（生产设计）又简单，（样子形状）又好看，能不大量存在吗？

图　5-2-2

**2. 秘密之二：有界性**

由椭球面的方程（5-1-1）可知，椭球面上任意一点的坐标 $(x, y, z)$ 总有

$$|x| \le a, |y| \le b, |z| \le c,$$

即椭球面被封闭在一个长方体的内部，这个长方体的六个面方程分别为

$$x = \pm a, y = \pm b, z = \pm c.$$

这就是椭球面的有界性，很普通很简单的一条性质．但结合另外一条数学定理，马上就

能得到精彩的结果. 这个定理就是:

**在有限的空间内, 相同的表面积中, 球面包含的体积是最大的.**

这个定理也可以表达为: 体积一定的物体, 当它是球体时, 其表面积最小.

自然界的事物大都是能量有限——具体体现为质量有限, 体积有限. 根据上面的定理, 当这些物体的形状为球形时, 表面积最小——也就是需要的能量最小, 即最节能. 因此, 自然界大量的物体, 特别是一些果实, 都是以椭球面的形状存在, 是自然界进化过程中"优胜劣汰"的一个结果.

## 5.2.3 地球小秘密

让你说出生活中椭球面或球面的实例时, 可能不少人都会想到地球——我们人类赖以生存的星球, 也是我们最熟悉的星球. 但我们真的熟悉它吗?

它是什么形状? 球形! 很多人可能指着地球仪 (见图 5-2-3) 回答.

地球仪确实是球形, 而且是标准的圆球形, 但地球不是, 地球仪仅仅是地球的一个近似模型. 大部分现代人都知道, 地球是个椭球体, 实际上我们研究地球时就是将它当作椭球体的, 如图 5-2-4 所示.

图 5-2-3

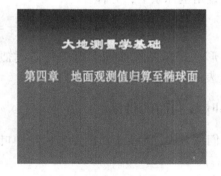

图 5-2-4

实际上因为地球不停地自转, 又由于地球地貌等各地大不相同, 致使在自传时每个地方所受的离心力有所差别, 如赤道处所受的离心力远远大于两极. 于是, 地球就渐渐形成了一个赤道略鼓、北极凸出而南极略凹的椭球体.

但最新发现地球也并非标准的椭球体, 而实际上看起来更像我们常吃的鸭梨, 所以现在地球也被称为"梨形体". 如图 5-2-5 所示.

地球的外貌是不是出乎你的意料? 同样的原因也可以解释为什么生活中的自然物体大多是近球体, 完美的球面 (体) 很少. 一方面, 消耗最少的能量仅仅是优胜劣汰的一个因素, 大自然的选择还要考虑其他

图 5-2-5

因素. 另一方面, 事物生长过程还会受到各种偶然因素的影响. 如土豆在地里生长时, 泥土中水分的分布, 泥土硬度的差别等都有可能影响土豆最终的长相.

本节我们介绍了椭球面的一些实例及应用, 其实关于椭球面还有许许多多的问题值得大家思考: 如为什么介于三轴与球面之间的旋转椭球面大量存在? 为什么尽管包含相同体积的表面积最小的是球面, 但生活中装载物体的器皿很少是球体? ……这些问题都留给大家思考.

## 5.3 单叶双曲面的概念、方程、性质

二维码 5.3
视频：单叶双曲面的概念、方程、性质

### 5.3.1 单叶双曲面的概念和方程

**定义** 在直角坐标系下, 由方程

$$\frac{x^2}{a^2} + \frac{y^2}{b^2} - \frac{z^2}{c^2} = 1 \tag{5-3-1}$$

所表示的图形称为单叶双曲面, 如图 5-3-1 所示, 方程 (5-3-1) 叫作单叶双曲面的标准方程, 其中 $a$, $b$, $c$ 为任意的正常数.

**注**：在直角坐标系下, 方程

$$\frac{x^2}{a^2} - \frac{y^2}{b^2} + \frac{z^2}{c^2} = 1 \text{ 或 } -\frac{x^2}{a^2} + \frac{y^2}{b^2} + \frac{z^2}{c^2} = 1$$

所表示的图形也是单叶双曲面, 由于性质类似, 我们只对方程 (5-3-1) 所表示的单叶双曲面进行研究.

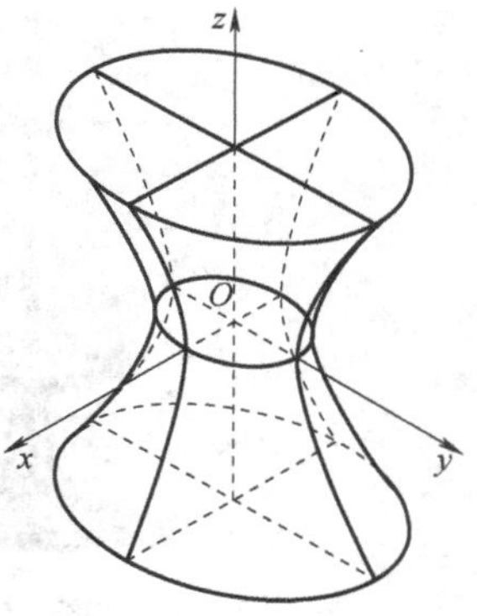

### 5.3.2 单叶双曲面的性质

现在我们从方程 (5-3-1) 出发来讨论单叶双曲面的一些最简单的性质.

**1. 对称性**

由于方程 (5-3-1) 与方程 (5-1-1) 一样仅含有坐标的平方项, 因此单叶双曲面 (5-3-1) 关于三个坐标平面、三个坐标轴以及坐标原点对称.

图 5-3-1

**2. 顶点和特殊单叶双曲面**

单叶双曲面 (5-3-1) 与 $z$ 轴不相交, 与 $x$ 轴与 $y$ 轴分别交于点 $(\pm a, 0, 0)$ 与 $(0, \pm b, 0)$, 这四个点称为单叶双曲面 (5-3-1) 的顶点.

当 $a = b$ 时, 方程 (5-3-1) 变成

$$\frac{x^2}{a^2} + \frac{y^2}{a^2} - \frac{z^2}{c^2} = 1, \tag{5-3-2}$$

它可由双曲线

$$\begin{cases} \dfrac{x^2}{a^2} - \dfrac{z^2}{c^2} = 1, \\ y = 0 \end{cases} \tag{5-3-3}$$

绕 $z$ 轴旋转得到，称为旋转单叶双曲面.

## 5.3.3 单叶双曲面的基本形状

我们仍利用平行截割法来研究单叶双曲面. 需要注意此时平截线有两种情况.

**1. 主截线**

如果用三个坐标面 $z=0$，$y=0$，$x=0$ 分别截割曲面（5-3-1），那么所得的截线顺次为

$$\begin{cases} \dfrac{x^2}{a^2}+\dfrac{y^2}{b^2}=1, \\ z=0, \end{cases} \qquad (5\text{-}3\text{-}4)$$

$$\begin{cases} \dfrac{x^2}{a^2}-\dfrac{z^2}{c^2}=1, \\ y=0, \end{cases} \qquad (5\text{-}3\text{-}5)$$

$$\begin{cases} \dfrac{y^2}{b^2}-\dfrac{z^2}{c^2}=1, \\ x=0, \end{cases} \qquad (5\text{-}3\text{-}6)$$

式（5-3-4）所示为 $xOy$ 坐标面上的椭圆，叫作单叶双曲面的腰椭圆；式（5-3-5）和式（5-3-6）所示分别是 $xOz$ 面和 $yOz$ 面上的双曲线，这两条双曲线有共同的虚轴和虚轴长，如图 5-3-2 所示.

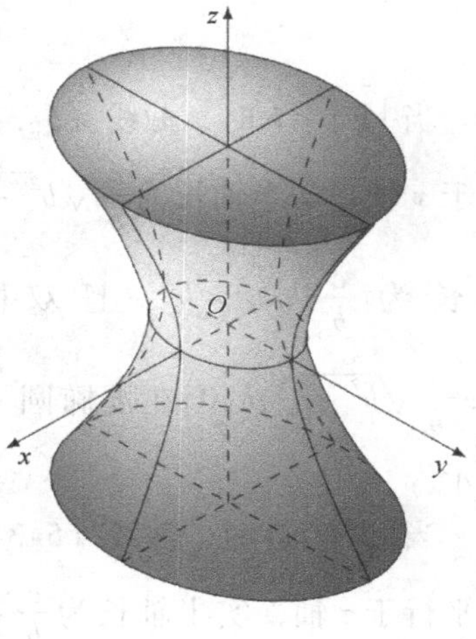

**2. 平截线**（一）

我们不妨用平行于 $xOy$ 坐标面的一组平行平面 $z=h$（$h$ 可为任意实数）截割单叶双曲面（5-3-1），其截线方程为

$$\begin{cases} \dfrac{x^2}{a^2}+\dfrac{y^2}{b^2}=1+\dfrac{h^2}{c^2}, \\ z=h. \end{cases} \qquad (5\text{-}3\text{-}7)$$

式（5-3-7）的图形是平面 $z=h$ 上的一个椭圆，这个椭圆的两半轴分别是

$$a\sqrt{1+\dfrac{h^2}{c^2}} \ 与 \ b\sqrt{1+\dfrac{h^2}{c^2}}.$$

图　5-3-2

它的两轴的端点分别是 $\left(\pm a\sqrt{1+\dfrac{h^2}{c^2}},\,0,\,h\right)$ 与 $\left(0,\,\pm b\sqrt{1+\dfrac{h^2}{c^2}},\,h\right)$，容易知道两轴的端点分别在双曲线（5-3-5）与双曲线（5-3-6）上，如图 5-3-3 所示.

这样，单叶双曲面（5-3-1）可以看成是由一个椭圆的变动（大小位置都改变）而产生的，这个椭圆在变动中保持所在平面与 $xOy$ 面平行，而端点分别在另外两条定双曲线［式（5-3-5）与式（5-3-6）］上滑动，如图 5-3-4 所示.

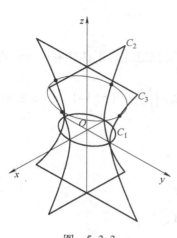

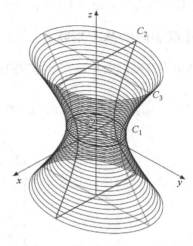

图 5-3-3

图 5-3-4

### 3. 平截线（二）

现在我们用平行于 $xOz$ 坐标面的一组平行平面 $y = h$（$h$ 可为任意实数）截割单叶双曲面（5-3-1），其截线方程为

$$
\begin{cases}
\dfrac{x^2}{a^2} - \dfrac{z^2}{c^2} = 1 - \dfrac{h^2}{b^2}, \\
y = h.
\end{cases}
\tag{5-3-8}
$$

当 $|h| < b$ 时，截线（5-3-8）为双曲线，它的实轴平行于 $x$ 轴，实半轴长为 $\dfrac{a}{b}\sqrt{b^2 - h^2}$，虚轴平行于 $z$ 轴，虚半轴长为 $\dfrac{c}{b}\sqrt{b^2 - h^2}$，且双曲线（5-3-8）的顶点 $\left(\pm\dfrac{a}{b}\sqrt{b^2 - h^2}, h, 0\right)$ 在腰椭圆（5-3-4）上，如图 5-3-5 所示.

当 $|h| > b$ 时，截线（5-3-8）仍为双曲线，但它的实轴平行于 $z$ 轴，实半轴长为 $\dfrac{c}{b}\sqrt{h^2 - b^2}$，虚轴平行于 $x$ 轴，虚半轴长为 $\dfrac{a}{b}\sqrt{h^2 - b^2}$，其顶点 $\left(0, h, \pm\dfrac{c}{b}\sqrt{h^2 - b^2}\right)$ 在双曲线（5-3-6）上，如图 5-3-6 所示.

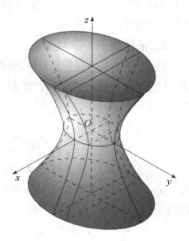

图 5-3-5

当 $|h| = b$ 时，截线（5-3-8）变为

$$
\begin{cases}
\dfrac{x^2}{a^2} - \dfrac{z^2}{c^2} = 0, \\
y = h,
\end{cases}
\quad 或 \quad
\begin{cases}
\dfrac{x^2}{a^2} - \dfrac{z^2}{c^2} = 0, \\
y = -h,
\end{cases}
$$

这是两条直线

$$\begin{cases} \dfrac{x}{a} \pm \dfrac{z}{c} = 0, \\ y = h, \end{cases} \quad 或 \quad \begin{cases} \dfrac{x}{a} \pm \dfrac{z}{c} = 0, \\ y = -h. \end{cases}$$

如果 $h = b$，那么两条直线交于点 $(0, b, 0)$；如果 $h = -b$，那么两条直线交于点 $(0, -b, 0)$，如图 5-3-7 所示.

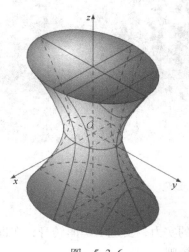
图 5-3-6

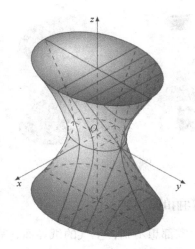
图 5-3-7

如果用平行于 $yOz$ 面的平面来截割单叶双曲面 (5-3-1)，那么它与用平行于 $xOz$ 面的平面来截割所得结果完全类似.

## 5.4 单叶双曲面应用案例赏析

前面介绍了单叶双曲面的概念、方程及一些简单的性质. 除此之外，单叶双曲面还是应用非常广泛的一种曲面，为什么呢？让我们再次深入认识这种美丽的曲面吧.

二维码 5.4
视频：单叶双曲面
应用案例赏析

### 5.4.1 土气的小名

在直角坐标系下，由方程

$$\frac{x^2}{a^2} + \frac{y^2}{b^2} - \frac{z^2}{c^2} = 1$$

所表示的图形称为单叶双曲面，在许多书上还会提到它的另外一个名字——纸篓面. 确实，腰椭圆以上的半边单叶双曲面就像一只废纸篓，如图 5-4-1 所示.

这就是单叶双曲面也叫作纸篓面的原因. 可能有人不理解：一些花篮比废纸篓形状上更接近单叶双曲面，如图 5-4-2 所示，为何不叫作花篮面，而要叫作纸篓面，这么土气的名字？其实，这是很好理解的. 最早研究单叶双曲面，或对单叶双曲面感兴趣的应该是数学工作者——不妨称数学家吧，而对数学家来说，最重要也最常见的工具应该就是纸和笔（当然现在数学家还需要电脑）——有纸自然就有废纸篓，所以废纸篓是他们最熟悉的物体之

59

一. 再说，花篮的形状有很多，类似单叶双曲面的并不常见，因此将单叶双曲面叫作纸篓面就顺理成章了.

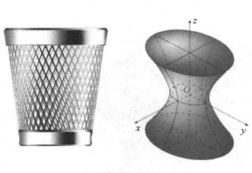
图　5-4-1

图　5-4-2

## 5.4.2　华丽的身姿

可能大家都想不到，土气的纸篓面，靠着自身的实力，实现了华丽转身，在世界各地大放异彩，这可是有图有真相，让我们先欣赏它的身姿吧.

最早的单叶双曲面建筑可能就是火电厂的冷却塔，如图 5-4-3 所示，其主要原因是这种结构对流好散热效果好，但后来出现的其他类似建筑，主要是因为它漂亮，如图 5-4-4 所示的日本神户港塔.

图　5-4-3

图　5-4-4

广州电视塔也是一个著名的建筑，修长的身姿，所以有个名字叫"小蛮腰"，如图 5-4-5 所示. 图 5-4-6 所示是哈萨克斯坦的巴伊杰列克塔，跟广州电视塔一样漂亮.

多哈这里似乎是几何形状的大展示，有着各种漂亮的造型，我们的单叶双曲面也在这里，显得典雅端庄，引人注目，如图 5-4-7 所示.

图　5-4-5

图　5-4-6

图　5-4-7

　　其实只要你留意，就在我们身边也会有单叶双曲面的身姿．在丽水龙泉市宝溪村，用竹子做了很多几何建筑，非常漂亮，其中一个建筑就是单叶双曲面的房子，如图 5-4-8 所示．图 5-4-9 更普遍，在很多广场之类的地方可以看到，它也是单叶双曲面的一侧，像个喇叭．

图　5-4-8

图　5-4-9

**61**

如果说刚才的图案是个小喇叭，那武汉科技城的这个建筑（见图 5-4-10）就是一个大喇叭，不过更加大气，更加漂亮.

图 5-4-11 所示的丹麦森林观景台令人尤为惊叹，远观的确美丽，但身临其境让人的感受更为深刻.

图　5-4-10　　　　　　　　　　　　　　　　图　5-4-11

### 5.4.3　单叶双曲面的实力

前面我们欣赏了来自世界各地或者是身边的单叶双曲面建筑，那么大家都会想，多哈那张照片展示了不同曲面的建筑，为什么单叶双曲面的建筑特别多？为什么一个土土的纸篓面能够成为魅力四射的建筑明星呢？那么我们就来介绍它成为明星的实力，也就是它具有的良好性质.

**1. 实力之一：美**

前面我们介绍各个建筑时，经常用到"美丽""漂亮"等词，那么单叶双曲面所具有的第一个实力，也就是第一个良好的性质，即美，美丽. 首先由单叶双曲面的方程可知，它与椭球面一样，具有良好的对称性，因此也具有对称美. 实际上为了更对称，我们接触到的大部分单叶双曲面都是单叶旋转双曲面.

另外，我们容易知道单叶双曲面并不具备有界性，两个符号为正的坐标与一个符号为负的坐标相互约束. 当它在一个方向，也就是方程中符号为负的坐标方向向外延伸时，曲面就像我们平常看到的花朵一样，婀娜多姿，正因为美丽，许多建筑以及器皿的造型都是或近似单叶旋转双曲面，如龙泉青瓷. 龙泉青瓷中有一类叫作玉壶春瓶，其形状基本上就是单叶旋转双曲面，这一类造型深受大家喜爱，如图 5-4-12 所示.

图  5-4-12

### 2. 实力之二：形曲实直

如果说冷却塔采用旋转单叶双曲面，是因为它对流好散热效果好，但有那么多建筑设计使用了单叶双曲面，就不能仅仅是因为美来解释了，建筑设计可以采用各种曲面，而不同的曲面有不同的美．因此那么多建筑采用单叶双曲面设计一定另有奥秘．

这个奥秘就是单叶双曲面可以由直线运动生成．单叶双曲面看上去弯弯曲曲的，具有曲线美，但它确实可由直线运动生成．如图 5-4-13 所示，这一类由直线运动生成的曲面叫作直纹面．单叶双曲面是直纹面的一种，关于直纹面见后续分析．但单叶双曲面可以由直线运动生成，其实有一个重要的原因就是它在任意一点都有一组平截线是直线，通过进一步分析可发现这些平截线恰好组成单叶双曲面．再看单叶双曲面的图形，外形漂亮，因为它具有曲线美，结构简单．同时它是直线生成，特别是在建筑上钢筋不弯曲就可以生成漂亮的曲面，自然受到建筑师的青睐．

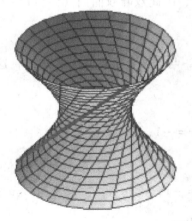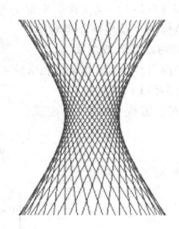

图  5-4-13

本节我们不仅从美的角度分析了单叶双曲面，而且指出单叶双曲面凭借可由直线运动生成的特征，大量存在于现实世界中，让大家在欣赏美的同时，还能透过现象（曲）发现本质（直），从而对单叶双曲面有更直观更深刻的认识．

## 5.5 双叶双曲面的概念、方程、性质

二维码 5.5
视频：双叶双曲面的
概念、方程、性质

双曲面有两类，一类是单叶双曲面，另一类是双叶双曲面，这两者有何区别与联系呢？本节，我们继续来探讨.

### 5.5.1 双叶双曲面的概念和方程

**定义** 在直角坐标系下，由方程

$$\frac{x^2}{a^2} + \frac{y^2}{b^2} - \frac{z^2}{c^2} = -1 \tag{5-5-1}$$

所表示的图形称为双叶双曲面，如图 5-5-1 所示.
方程（5-5-1）叫作双叶双曲面的标准方程，其中 $a$，$b$，$c$ 为任意的正常数.

**注** 在直角坐标系下，方程

$$\frac{x^2}{a^2} - \frac{y^2}{b^2} + \frac{z^2}{c^2} = -1 \ \text{或} \ -\frac{x^2}{a^2} + \frac{y^2}{b^2} + \frac{z^2}{c^2} = -1$$

所表示的图形也是双叶双曲面，由于性质类似，我们只对方程（5-5-1）所示的双叶双曲面进行研究.

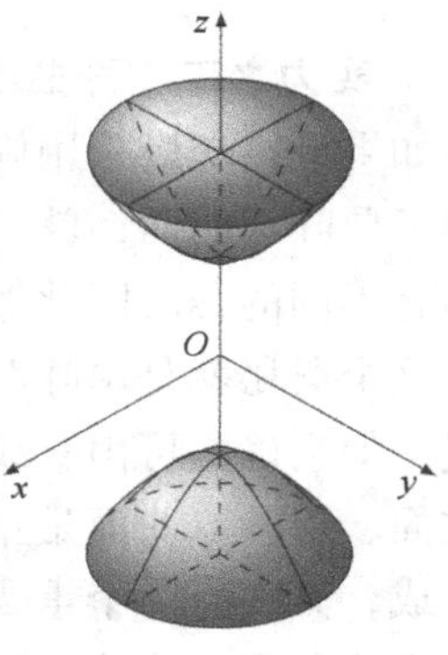

### 5.5.2 双叶双曲面的性质

现在我们从方程（5-5-1）出发来讨论双叶双曲面的一些最简单的性质.

**1. 对称性**

由于方程（5-5-1）也仅含有坐标的平方项，因此双叶双曲面（5-5-1）关于三个坐标平面、三个坐标轴以及坐标原点对称.

**2. 顶点和特殊双叶双曲面**

双叶双曲面（5-5-1）与 $x$ 轴和 $y$ 轴不相交，与 $z$ 轴交于点 $(0, 0, \pm c)$，这两个点称为双叶双曲面（5-5-1）的顶点.

当 $a = b$ 时，方程（5-5-1）变成

$$\frac{x^2}{a^2} + \frac{y^2}{a^2} - \frac{z^2}{c^2} = -1, \tag{5-5-2}$$

它可由双曲线

$$\begin{cases} \dfrac{x^2}{a^2} - \dfrac{z^2}{c^2} = -1, \\ \quad\quad\quad y = 0 \end{cases} \tag{5-5-3}$$

绕 $z$ 轴旋转得到，称为旋转双叶双曲面.

### 5.5.3 双叶双曲面的基本形状

我们仍利用平行截割法来研究双叶双曲面. 需要注意此时平截线有两种情况.

图 5-5-1

**1. 主截线**

坐标面 $z=0$ 与曲面（5-5-1）不相交，事实上，由方程（5-5-1）容易知道，曲面上的点恒有 $z^2 \geqslant c^2$，因此曲面分成两叶 $z \geqslant c$ 与 $z \leqslant -c$.

坐标平面 $y=0$ 与 $x=0$ 分别截割曲面（5-5-1），所得的截线分别为

$$\begin{cases} \dfrac{z^2}{c^2} - \dfrac{x^2}{a^2} = 1, \\ y=0, \end{cases} \tag{5-5-4}$$

$$\begin{cases} \dfrac{z^2}{c^2} - \dfrac{y^2}{b^2} = 1, \\ x=0. \end{cases} \tag{5-5-5}$$

显然双叶双曲面的主截线分别是 $xOz$ 面和 $yOz$ 面上的双曲线，这两条双曲线有共同的实轴和实轴长，如图 5-5-2 所示.

**2. 平截线（一）**

用平行于 $xOy$ 坐标面的一组平行平面 $z=h$ 截割双叶双曲面（5-5-1），其截线方程为

$$\begin{cases} \dfrac{x^2}{a^2} + \dfrac{y^2}{b^2} = \dfrac{h^2}{c^2} - 1, \\ z=h. \end{cases} \tag{5-5-6}$$

当 $|h| < c$ 时，如前所述，平面 $z=h$ 与曲面（5-5-1）不相交，式（5-5-6）无图形.

当 $|h| = c$ 时，截得的图形为一点 $(0,0,c)$ 或 $(0,0,-c)$.

当 $|h| > c$ 时，式（5-5-6）所示的图形是平面 $z=h$ 上的一个椭圆，这个椭圆的两半轴分别是

$$a\sqrt{\dfrac{h^2}{c^2} - 1} \text{ 与 } b\sqrt{\dfrac{h^2}{c^2} - 1}.$$

两轴端点的坐标分别是

$$\left( \pm a\sqrt{\dfrac{h^2}{c^2} - 1}, 0, h \right) \text{ 与 } \left( 0, \pm b\sqrt{\dfrac{h^2}{c^2} - 1}, h \right),$$

容易知道两轴的端点分别在双曲线（5-5-4）与双曲线（5-5-5）上.

这样，双叶双曲面（5-5-1）可以看成是由一个椭圆的变动（大小位置都改变）而产生的，这个椭圆在变动中保持所在平面与 $xOy$ 面平行，而端点分别沿着定双曲线〔式（5-5-4）与式（5-5-5）〕滑动，如图 5-5-3 所示.

**3. 平截线（二）**

现在我们用平行于 $xOz$ 坐标面的一组平行平面 $y=h$（$h$ 可为任意实数）截割双叶双曲面（5-5-1），其截线方程为

$$\begin{cases} \dfrac{z^2}{c^2} - \dfrac{x^2}{a^2} = 1 + \dfrac{h^2}{b^2}, \\ y=h. \end{cases} \tag{5-5-7}$$

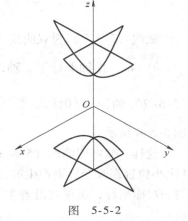

图　5-5-2

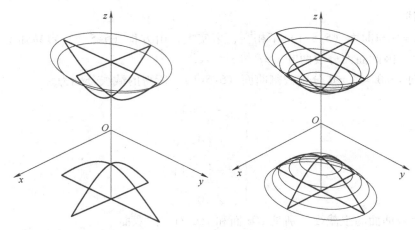

图 5-5-3

截线（5-5-7）为双曲线，它的实轴平行于 $z$ 轴，实半轴长为 $\frac{c}{b}\sqrt{b^2+h^2}$，虚轴平行于 $x$ 轴，虚半轴长为 $\frac{a}{b}\sqrt{b^2+h^2}$，且双曲线 （5-5-7）的顶点 $\left(0,h,\pm\frac{c}{b}\sqrt{b^2+h^2}\right)$ 在双曲线（5-5-5）上，如图 5-5-4 所示.

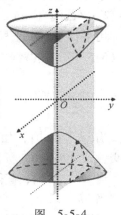

这样，双叶双曲面（5-5-1）可以看成是由一个双曲线的变动 （大小位置都改变）而产生的，这个双曲线在变动中保持所在平面与 $xOz$ 面平行，而顶点沿着主双曲线（5-5-5）滑动，如图 5-5-4 所示.

如果用平行于 $yOz$ 面的平面来截割双叶双曲面（5-5-1），那么它与用平行于 $xOz$ 面的平面来截割所得结果完全类似.

图 5-5-4

## 5.6 椭圆抛物面的概念、方程、性质

抛物面有两类，一类是椭圆抛物面，另一类是双曲抛物面，我们分别进行探讨.

二维码 5.6
视频：椭圆抛物面的概念、方程、性质

### 5.6.1 椭圆抛物面的概念和方程

**定义** 在直角坐标系下，由方程

$$\frac{x^2}{a^2}+\frac{y^2}{b^2}=2z \tag{5-6-1}$$

所表示的曲面叫作椭圆抛物面，如图 5-6-1 所示. 方程（5-6-1）叫作椭圆抛物面的标准方程，其中 $a$，$b$ 为任意正常数.

我们观察方程（5-6-1）的特点，有两个平方项和一个一次项，当 $a=b$ 时，曲面则为旋转抛物面，这在第 4 章中已有阐述.

由图 5-6-2 所示，读者可以看到 $a$ 和 $b$ 的变化对椭圆抛物面几何形状的影响. 随着 $a$ 的

增大或减小，椭圆抛物面沿着 $x$ 轴的敞口也增大或减小，参数 $b$ 同理.

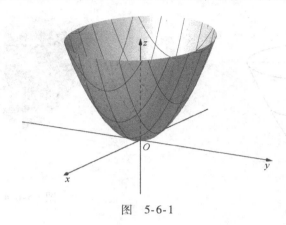

图 5-6-1

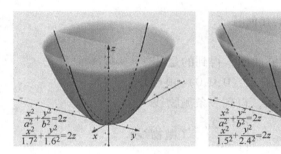

图 5-6-2

## 5.6.2 椭圆抛物面的性质

### 1. 对称性

由方程（5-6-1）得，椭圆抛物面关于 $xOz$，$yOz$ 坐标面，$z$ 轴对称. 事实上，如果 $(x,y,z)$ 满足方程，则

（1）$(x,-y,z)$ 和 $(-x,y,z)$ 也满足方程（5-6-1）. 从曲面方程可以看出，在方程中 $y$ 取 + 或 −，或 $x$ 取 + 或 −，方程形式保持不变. 所以方程的图像关于 $xOz$，$yOz$ 坐标面对称.

（2）$(-x,-y,z)$ 也满足方程（5-6-1），也就是说，方程的图像也关于这两个坐标面的交线 $z$ 轴对称.

（3）椭圆抛物面没有对称中心. 以上性质如图 5-6-3 所示.

### 2. 顶点

我们一起观察一下方程图像的顶点：令两个坐标为零，代入方程解得第三个坐标也为零，故椭圆抛物面与对称轴交于点 $(0,0,0)$. 这点称为椭圆抛物面的顶点.

### 3. 范围

由方程（5-6-1）得

$$\frac{x^2}{a^2}+\frac{y^2}{b^2}=2z\Longrightarrow z\geq 0.$$

这说明椭圆抛物面全部在 $xOy$ 平面的一侧，是单侧无界曲面，如图 5-6-4 所示.

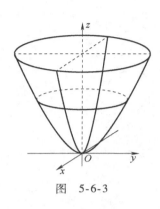

图 5-6-3

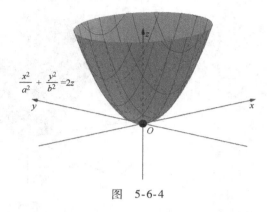

$$\frac{x^2}{a^2} + \frac{y^2}{b^2} = 2z$$

图 5-6-4

### 5.6.3 椭圆抛物面的基本形状

用平行截割法可以讨论曲面的几何特征.

**1. 主截线**

（1）首先用 $xOy$ 坐标面 $z=0$ 截曲面，得到的是

$$C_{z=0} : (0,0,0) \, (顶点).$$

（2）用 $y=0$ 这个坐标面截曲面，得到一条抛物线

$$C_{y=0} : \begin{cases} x^2 = 2a^2 z, \\ y = 0 \end{cases} （抛物线）.$$

（3）用 $x=0$ 这个坐标面截曲面，得到一条抛物线

$$C_{x=0} : \begin{cases} y^2 = 2b^2 z, \\ x = 0 \end{cases} （抛物线）.$$

这两条抛物线称为椭圆抛物面的主抛物线，两条主抛物线所在平面互相垂直且具有相同的顶点，对称轴和开口方向，如图 5-6-5 所示.

**2. 平截线（一）**

用平行于 $xOy$ 坐标面的平面 $z=h(h>0)$ 去截椭圆抛物面：

将 $z=h$ 代入曲面方程，得到截痕交线为平面 $z=h$ 上的椭圆

$$\begin{cases} \dfrac{x^2}{a^2} + \dfrac{y^2}{b^2} = 2z \\ z = h \end{cases} \Rightarrow \frac{x^2}{(a\sqrt{2h})^2} + \frac{y^2}{(b\sqrt{2h})^2} = 1.$$

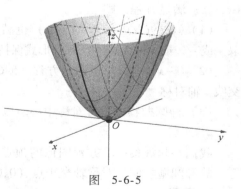

图 5-6-5

它的半轴长分别为 $a\sqrt{2h}$，$b\sqrt{2h}$，可以得出：椭圆的两条半轴随着 $h$ 的增加而增大. 而椭圆的顶点坐标（$\pm a\sqrt{2h},0,h$）和（$0,\pm b\sqrt{2h},h$）就在 $\begin{cases} x^2 = 2a^2 z, \\ y = 0 \end{cases}$ 和 $\begin{cases} y^2 = 2b^2 z, \\ x = 0 \end{cases}$ 这两条主抛物线上，如

图 5-6-6 所示.

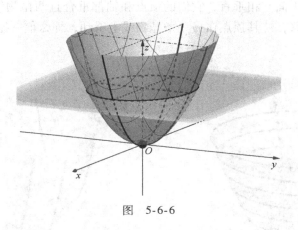

图 5-6-6

### 3. 平截线（二）

用平行于 $xOz$ 坐标面的平面去截椭圆抛物面，即用 $y=k$ 截曲面得到的还是抛物线：

$$C_{y=k}:\begin{cases} x^2=2a^2\left(z-\dfrac{k^2}{2b^2}\right), \\ y=k. \end{cases}$$

此抛物线平行于主抛物线

$$C_{y=0}:\begin{cases} x^2=2a^2z, \\ y=0, \end{cases}$$

且顶点为 $\left(0,k,\dfrac{k^2}{2b^2}\right)$，在主抛物线 $C_{x=0}:\begin{cases} y^2=2b^2z, \\ x=0 \end{cases}$ 上，如图 5-6-7 所示.

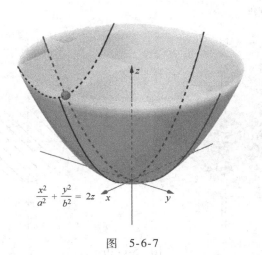

$$\frac{x^2}{a^2}+\frac{y^2}{b^2}=2z$$

图 5-6-7

通过用平行截割法，对椭圆抛物面进行分析，我们得出两个重要的结论.

**结论 1**　如图 5-6-8 所示，椭圆抛物面可看作由一个椭圆的变动而产生. 该椭圆在变动中保持所在平面与 $xOy$ 面平行，且两对顶点分别在两条主抛物线上滑动.

**结论 2** 如图 5-6-9 所示，椭圆抛物面可看作由一条抛物线的变动而产生. 取这样两条抛物线，它们所在的平面互相垂直，它们的顶点和轴都重合且两抛物线有相同的开口方向. 让其中一条抛物线平移，使其顶点在另一条抛物线上滑动，那么前一抛物线的运动轨迹是一个椭圆抛物面.

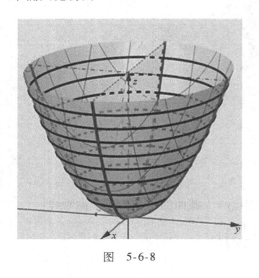
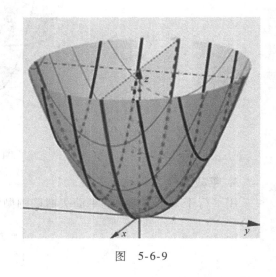

图 5-6-8 　　　　　　　　　　　　　　　　图 5-6-9

### 5.6.4 椭圆抛物面的动态生成

我们介绍了椭圆抛物面的方程与性质，欣赏了椭圆线动成面的过程. 结论 1 和结论 2 提示了椭圆抛物面可由椭圆或抛物线这两种曲线动态生成，这也是椭圆抛物面名称的由来. 如图 5-6-10 所示，我们还可以尝试通过用 GeoGebra 等软件实现结论 1 和结论 2 的动态生成，直观地学习曲面的几何特征.

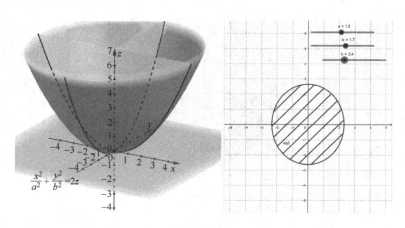

图 5-6-10

本节，我们分析了椭圆抛物面的图形与截痕，揭示了椭圆抛物面与椭圆及抛物线之间的关系. 大家是不是感受到了空间几何曲面的神奇和数学的无限魅力呢？

## 5.7 双曲抛物面的概念、方程、性质

二维码 5.7
视频：双曲抛物
面的概念、
方程、性质

抛物面有两种，上节我们介绍了椭圆抛物面，本节我们介绍双曲抛物面.

### 5.7.1 双曲抛物面的概念和方程

**定义** 在直角坐标系下，由方程

$$\frac{x^2}{a^2} - \frac{y^2}{b^2} = 2z \tag{5-7-1}$$

所表示的曲面叫作双曲抛物面，如图 5-7-1 所示，其中 $a$，$b$ 为任意正常数. 方程（5-7-1）叫作双曲抛物面的标准方程. 比较椭圆抛物面方程，两者只差一个符号，图形可谓天差地别! 大家是不是觉得数学很神奇呢?

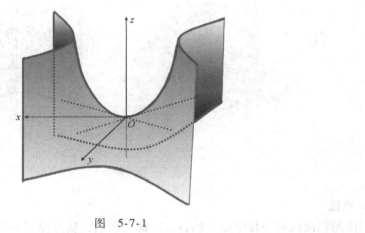

图 5-7-1

读者朋友们还可通过配套课程中的视频图，看到常数 $a$ 和 $b$ 的变化对双曲抛物面几何形状的影响.

### 5.7.2 双曲抛物面的性质

**1. 对称性**

双曲抛物面关于 $xOz$，$yOz$ 坐标面，$z$ 轴对称. 事实上，如果 $(x,y,z)$ 满足方程，则

（1）$(x,-y,z)$ 和 $(-x,y,z)$ 也满足方程（5-7-1）. 从方程（5-7-1）可以看出，在方程中 $y$ 取 + 或 −，或 $x$ 取 + 或 −，方程形式保持不变. 所以方程的图像关于 $xOz$，$yOz$ 坐标面对称.

（2）$(-x,-y,z)$ 也满足方程（5-7-1），也就是说：方程的图像也关于这两个坐标面的交线 $z$ 轴对称，如图 5-7-3 所示.

（3）双曲抛物面在原点周围都有定义但关于原点不对称，故双曲抛物面没有对称中心.

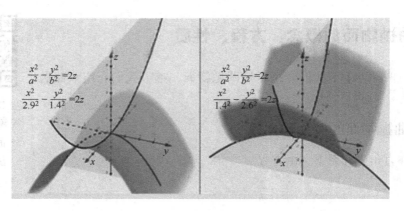

图 5-7-2

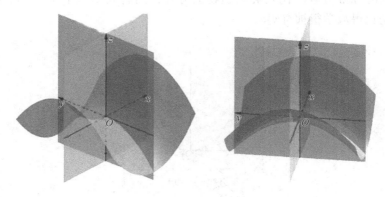

图 5-7-3

## 2. 范围

双曲抛物面没有对称中心，$(x,y,z)$ 都是实数，从方程（5-7-1）可以看出来，$x$，$y$，$z$ 可以任意取值但并没有范围限制，故曲面可向四周无限延伸．方程表示的曲面是无界的，如图 5-7-4 所示．

## 5.7.3 双曲抛物面的基本形状

利用平行截割法可以讨论曲面的几何特征，考察主截线与平截线．

### 1. 主截线

（1）用 $xOy$ 坐标面去截曲面，得到的是两相交直线．把 $z=0$ 代入曲面方程（5-7-1），将等号左边因式分解，得 $\begin{cases} \dfrac{x}{a} \pm \dfrac{y}{b} = 0, \\ z = 0 \end{cases}$．可以看出，它表示的是一对相交直线 $C_{z=0}$，如图 5-7-4 所示．

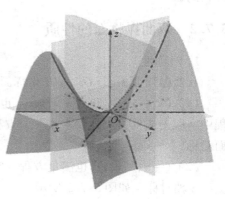

图 5-7-4

（2）用 $y=0$ 坐标面截曲面，得到一条主抛物线 $C_{y=0}$: $\begin{cases} x^2 = 2a^2 z, \\ y=0. \end{cases}$

（3）用 $x=0$ 坐标面截曲面，得到一条主抛物线 $C_{x=0}$: $\begin{cases} y^2 = -2b^2 z, \\ x=0. \end{cases}$ 这两条抛物线称为双曲抛物面的主抛物线，它们所在的平面互相垂直且具有相同的顶点和对称轴，但开口方向相反，如图 5-7-5 所示.

**2. 平截线（一）**

用平行于 $xOy$ 坐标面的平面 $z=h$ 去截双曲抛物面. 当 $h>0$ 时，将 $z=h$ 代入曲面方程，得

$$\begin{cases} \dfrac{x^2}{a^2} - \dfrac{y^2}{b^2} = 2z, \\ z = h \end{cases} \Rightarrow \frac{x^2}{(a\sqrt{2h})^2} - \frac{y^2}{(b\sqrt{2h})^2} = 1. \tag{5-7-2}$$

从而得到交线是 $z=h$ 平面上的一条双曲线 $\begin{cases} \dfrac{x^2}{(a\sqrt{2h})^2} - \dfrac{y^2}{(b\sqrt{2h})^2} = 1, \\ z = h\,(h>0). \end{cases}$

其中，实轴平行于 $x$ 轴，实半轴长为 $a\sqrt{2h}$；虚轴平行于 $y$ 轴，虚半轴长为 $b\sqrt{2h}$，双曲线顶点坐标为 $(\pm a\sqrt{2h},0,h),h>0$.

如图 5-7-6 所示，顶点坐标 $(\pm a\sqrt{2h},0,h)$ 就在主抛物线 $\begin{cases} x^2 = 2a^2 z, \\ y=0 \end{cases}$ 上.

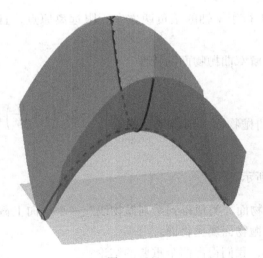

图 5-7-5

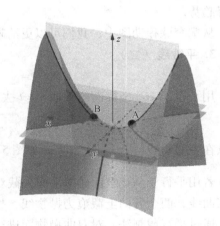

图 5-7-6

当 $h<0$ 时，平面 $z=h$ 与双曲抛物面的交线为双曲线

$$\begin{cases} \dfrac{y^2}{(b\sqrt{-2h})^2} - \dfrac{x^2}{(a\sqrt{-2h})^2} = 1, \\ z = h\,(h<0). \end{cases}$$

其中，实轴平行于 $y$ 轴，实半轴长为 $b\sqrt{-2h}$；虚轴平行于 $x$ 轴，虚半轴长为 $a\sqrt{-2h}$.

顶点坐标为 $(0, \pm b\sqrt{-2h}, h), h < 0$，在主抛物线 $\begin{cases} y^2 = -2b^2z, \\ x = 0 \end{cases}$ 上，如图 5-7-7 所示.

可见当 $h$ 大于或小于 0 时，顶点 $(\pm a\sqrt{2h}, 0, h), h > 0$ 和 $(0, \pm b\sqrt{-2h}, h), h < 0$ 分别在两条主抛物线上. 如图 5-7-8 所示.

 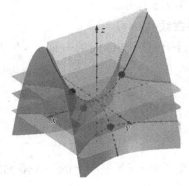

图 5-7-7 图 5-7-8

双曲抛物面 $\dfrac{x^2}{a^2} - \dfrac{y^2}{b^2} = 2z$ 被 $xOy$ 面分成两个部分：

（1）当 $h > 0$ 时，顶点随 $h$ 的增大而从平行于 $x$ 轴的正负两方向无限远离原点，且为上升趋势；

（2）当 $h < 0$ 时，顶点随 $-h$ 的增大而从平行于 $y$ 轴的正负两方向无限远离原点，且为下降趋势.

从配套课程动图中，我们可以更清晰地理解双曲抛物面的特性.

**3. 平截线（二）**

用平行于 $xOz$ 坐标面的平面 $y = t$ 去截双曲抛物面，则得到抛物线 $\begin{cases} x^2 = 2a^2\left(z + \dfrac{t^2}{2b^2}\right), \\ y = t, \end{cases}$ 其

顶点在主抛物线 $\begin{cases} y^2 = -2b^2z, \\ x = 0 \end{cases}$ 上. 如图 5-7-9 所示.

若用平行于 $yOz$ 坐标面的平面去截双曲抛物面，类似得到系列抛物线. 一个方向上截痕为双曲线，两个方向上截痕为抛物线，故双曲抛物面属抛物面.

通过平行截割法，对双曲抛物面进行分析，我们得出两个重要的结论：

**结论 1** 双曲抛物面可看作由一条双曲线的变动而产生. 该双曲线在变动中保持所在平面与 $xOy$ 面平行，且两对顶点分别在两条主抛物线上滑动. 当滑到两条抛物线公共顶点处时变为两相交直线，如图 5-7-8 所示.

**结论 2** 双曲抛物面可看作由一条抛物线的变动而产生. 取这样两条抛物线，它们所在的平面互相垂直，它们的顶点和轴都重合且两抛物线开口方向相反. 让其中一条抛物线平移，使其顶点在另一条抛物线上滑动，那么前一抛物线的运动轨迹是一个双曲抛物面，如

图 5-7-10 所示.

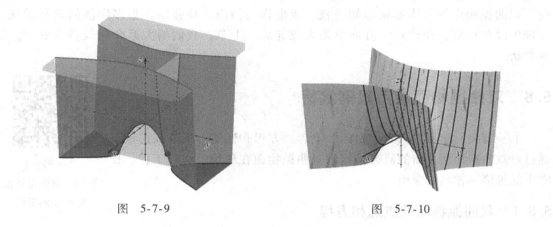

图　5-7-9　　　　　　　　　　　图　5-7-10

## 5.7.4　双曲抛物面的动态生成

通过用平行截割法对双曲抛物面进行分析, 我们得出双曲抛物面图形动态生成的原理: 如果取两条抛物线, 它们所在平面相互垂直, 有公共的顶点与轴, 而开口方向相反, 让其中的一条抛物线平行于自己, 且使其顶点在另一条抛物线上滑动, 那么前一抛物线的运动轨迹便是一个双曲抛物面.

我们可以使用 GeoGebra, Matlab 等作图软件实现方程图像的绘制, 加深对双曲抛物面几何特性的理解.

观看图 5-7-11 所示的微课中动图, 用平行于 $xOy$ 坐标面的 $z = h$ 平面去截双曲面, 随着平面上移截痕形状发生了变化, 从一种双曲线慢慢变到相交直线, 然后又变成朝向调了个头的另一种双曲线, 数学是不是特别神奇呢?

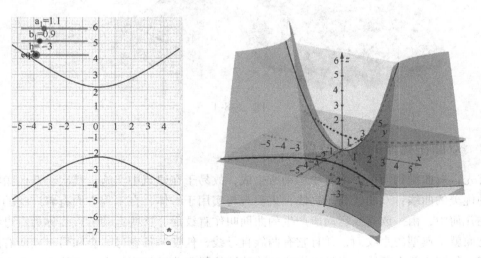

图　5-7-11

本节我们介绍了双曲抛物面的方程与性质, 欣赏了双曲抛物面的图形与截痕, 揭示了双曲抛物面动态的生成过程，大家是不是感受到了空间几何的趣味性和数学的无限魅力呢？双曲抛物面的大体形状形如马鞍，故也称马鞍面。马鞍面在很多经济问题和最优化原理中经常用到，在建筑学方面更是大放异彩。下节，我们给大家介绍马鞍面的应用案例赏析。

## 5.8 双曲抛物面应用案例赏析

二维码 5.8
视频：双曲抛物面
应用案例赏析

上一节我们学习了双曲抛物面的概念、方程和性质。本节我们重点通过对双曲抛物面性质的研究来探索双曲抛物面在建筑、水利工程、日常生活等诸多领域的应用。

### 5.8.1 双曲抛物面的概念和方程

在直角坐标系下，由方程

$$\frac{x^2}{a^2} - \frac{y^2}{b^2} = 2z$$

所表示的曲面叫作双曲抛物面，也叫作马鞍面。其中 $a$，$b$ 为任意正常数。

马鞍面不仅仅在马背上有着重要的应用，如图 5-8-1 所示，在水利工程、建筑工程及一些日常用品中也有着重要的应用，究其原因是马鞍面即双曲抛物面具有良好的性质。

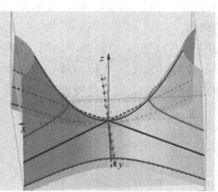

图 5-8-1

### 5.8.2 双曲抛物面的性质特点

首先，双曲抛物面可以由直线运动所生成，故易于在建筑中实施；其次，双曲抛物面蕴含两种优美的曲线：双曲线与抛物线，集美观与实用于一体，在工程方面有着广泛的应用。

在几何中，由一族直线运动所产生的曲面叫作直纹面，这些运动的直线称为直母线。双曲抛物面就是典型的直纹面，并且它有两族直母线，任意一条直母线会和另一族所有的直母线相交，如图 5-8-2 所示。正是因为这种特殊性使得双曲抛物面具有一些特性，在生活中有它独特的应用。下一节我们会对直纹面进行更深入的探讨与介绍。

由图 5-8-2 可以看出，双曲抛物面的一条直母线被另一族直母线分别穿过，相互作用，相互稳固. 即使有部分脱节，也还有其他直母线受力作用，实际应用中显然也利于排水，顺流性好，所以在建筑、电力工程和日常生活中有着广泛的应用.

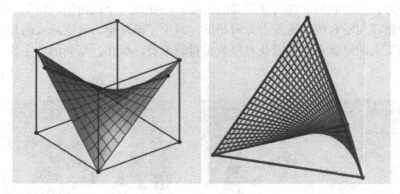

图　5-8-2

### 5.8.3　双曲抛物面的实际应用

#### 1. 水利工程

水闸侧墙是直立剖面，如图 5-8-3 所示. 水利工程中的扭面（$ABCD$）是利用双曲抛物面形状构造的，它是水闸、船闸的中间连接面. 这种构造可以使水流平顺，减少水头损失，故在工程中被广泛应用.

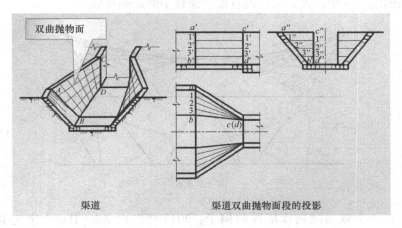

图　5-8-3

#### 2. 建筑屋顶

相对于其他曲面而言，双曲抛物面屋顶大大地节省了资源成本，且建造工艺简单. 现代建筑中经常采用钢筋混凝土双曲抛物面薄壳作为屋盖，不仅外观新颖有创意，并且在实用性方面有着利于排水、防止渗漏、减轻自重、节约材料和受力性能较好等一系列优点.

图 5-8-4 所示的建筑是广州星海音乐厅，采用的就是典型的双曲抛物面屋顶.

类似贝壳的建筑结构"薄壳结构"应用广泛，它流畅的曲面线条和大跨度的空间结构常常比普通的直线建筑更吸引人. 最著名的莫过于西班牙建筑师菲利克斯·坎德拉于 1958

年在墨西哥完工的霍奇米洛克餐厅，屋面是四个在中心点相交的曲边马鞍面的环形阵列，生成了一个八棱的交叉穹顶．平面径向对称，创造了戏剧性的就餐空间，如图 5-8-5 所示．薄壳边缘经过修剪，形成倾斜的抛物线形式的出挑，并在每一个拱内同时向上和向外伸展．出挑部分的传力路径与沿穹棱传递的力方向相反，减少了向外推力．它最大的缺点在于工艺复杂，过于依赖工人的经验和技术以及对建筑材料的浪费．现在，创新的数字设计和制造方法成了突破口．

图　5-8-4　　　　　　　　　　　　　　　　　　　　图　5-8-5

如图 5-8-6 所示，利用 GeoGebra 作图软件可以完整地展示霍奇米洛克餐厅的设计思想和双曲抛物面的组合应用，大家可以观看配套课程中的动画视频．

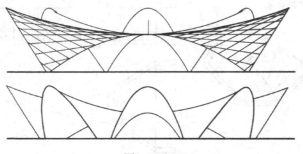

图　5-8-6

下面再来看一个双曲抛物面屋顶的例子：2013 年，由 Zaha Hadid 建筑事务所设计的"阿利耶夫文化中心"，如图 5-8-7 所示．这座文化设施位于阿塞拜疆共和国首都巴库，中心包括一个博物馆、图书馆和会议中心．

这座流线型的建筑从周边环境中脱颖而出，一道道优美的曲线从地面上展开，形成了一个有机而动感的形态．特殊的表面几何形状促成了非常规的结构方案．创新的前沿设计使它成为巴库的现代化进程地标并蜚声国际．

图 5-8-8 所示是日本设计师隈研吾设想的一系列位于巴厘岛的别墅，总共有六个别墅命名为"tsubomi"，从日语翻译过来的意思是"花芽"．该设计具有双曲抛物面冠层，造型别致．它将是坐落在热带森林之中的独特景色．

图 5-8-7

图 5-8-8

美国新泽西州的艾洛依休斯教堂的屋顶则是采用立接缝金属板构成，它是新颖建筑，如图 5-8-9 和图 5-8-10 所示. 它有着高雅的形式和流畅的曲线，同时这也是对传统教堂建筑外形的一种尝试与挑战.

双曲抛物面的屋顶是大跨度屋顶最经济的做法，这类屋顶一般也用于体育馆等建筑.

图 5-8-9 　　　　　　　　　　　　　　图 5-8-10

双曲抛物面不仅能承受拉扯，还能承受推挤，在受到拉力时，双曲抛物面的凹面会承受张力；而在被挤压时，凸面部分可以承受张力. 建筑学家早就知道双曲抛物面这种承重抗压的性质，所以经常把它设计到屋顶中. 比如图 5-8-11 所示，2012 年伦敦奥运会的室内自行车馆（左上、左下）、加拿大马鞍馆（右上），还有上海体育馆（右下）都采用了双曲抛物面的设计. 双曲抛物面屋顶的体育馆可以提供给观众最大的视域、更好的观赏点，同时也可以在有限空间容纳更多观众. 在建筑学中，抛物线拱是常用模式，能够承受更大的压力.

图 5-8-11

### 3. 飞檐翘角

飞檐是中国传统建筑檐部形式，多指屋檐特别是屋角的檐部向上翘起，若飞举之势. 常用在亭、台、楼、阁、宫殿、庙宇等建筑的屋顶转角处. 四角翘伸形如飞鸟展翅，轻盈活泼，所以也常被称为飞檐翘角.

如图 5-8-12 所示. 通过檐部上的这种特殊处理和创造，不但扩大了采光面、有利于排水，而且增添了建筑物向上的动感. 仿佛是一种气将屋檐向上托举，建筑群中层层叠叠的飞檐更是营造出壮观的气势和中国古建筑特有的飞动轻快的韵味. 飞檐成为中国建筑民族风格的重要表现之一.

图　5-8-12

### 4. 日常用品

双曲抛物面具有在外形上的优势、在实践中的可操作性，因此也应用于日常生活中很多方面. 图 5-8-13 所示的自行车座椅是一种集实用价值和观赏价值于一体的日常生活用品. 其结构由双曲抛物面构成. 图中的薯片也是典型的双曲抛物面形状，具有稳定结构，可保持薯片的最佳状态，让其口感更好. 双曲抛物面在雕刻、家具、加工机械部件等方面，从日常生活到大型航空工程都不可或缺. 其具有力度大、实用性强等优点.

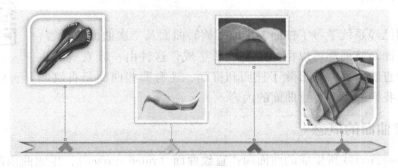

图　5-8-13

薯片的整体形状似马鞍形，如图 5-8-14 所示. 不仅能承受挤压，还能承受拉扯，使得这样薄脆的薯片在包装盒里异常稳固. 如果你经常吃薯片会发现，普通薯片都会碎成两半，而马鞍面薯片却很难发现会有碎两半的情况，如图 5-8-15 所示. 其实这就是几何赋予的"超能力".

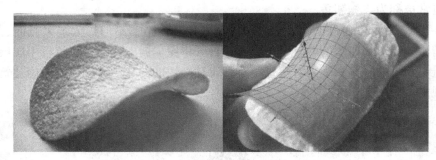

图 5-8-14

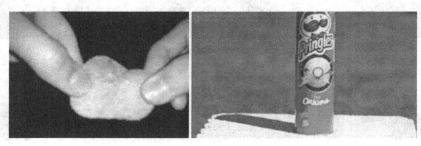

图 5-8-15

通过本节，我们了解到，双曲抛物面是由直线运动所产生的：同一族的任意两条直母线异面；任一条直母线都与异族所有直母线相交；对双曲抛物面上的任意一点，两族直母线中各有一条直母线经过该点.

正是因为这些特性，使得它在很多领域有着广泛的应用. 这将有待读者朋友们不断地去探索！

## 5.9　直纹曲面

前面我们已经系统学习了柱面、锥面、旋转曲面及二次曲面的内容，我们看到：柱面与锥面都可以由一族直线所生成，这种由一族直线所生成的曲面叫作**直纹曲面**. 那么除了柱面和锥面，还有哪些曲面是直纹曲面呢？今天，我们来学习直纹曲面的内容.

二维码 5.9
视频：直纹曲面

### 5.9.1　直纹曲面的概念

**定义**　由一族直线所生成的曲面叫作**直纹曲面**（ruled surface），生成曲面的那族直线叫作该曲面的一族**直母线**.

除了平面、柱面、锥面外，有没有更复杂的直纹曲面呢？有哪些二次曲面可能是直纹曲面呢？

**例 1**　求直线 $\Gamma: \dfrac{x}{2} = \dfrac{y}{1} = \dfrac{z-1}{0}$ 绕直线 $l: x = y = z$ 旋转所得的旋转曲面的方程.

我们知道其形成的曲面是单叶旋转双曲面，其方程为

$$2(x^2 + y^2 + z^2) - 5(xy + xz + yz) + 5(x + y + z) - 7 = 0.$$

它是单叶双曲面的一种特殊的类型.

图 5-9-1 所示是其曲面的图形,它是由直线的运动所生成的. 所以,单叶旋转双曲面是一种直纹曲面.

下面简单介绍一些单叶旋转双曲面在建筑学上应用的例子.

图 5-9-2 所示是电站的冷却塔,底座可见生成曲面的两组直线所形成的钢架结构.

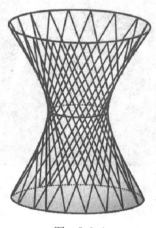

图　5-9-1　　　　　　　　　　　　　图　5-9-2

图 5-9-3 所示是广州著名的电视观光塔——"小蛮腰". 电站的冷却塔设计要符合热力学的相关要求,广州的"小蛮腰"显得秀气又大方,更重要的是其结构为单叶旋转双曲面,其曲面中蕴含的直线恰好可以作为建筑的骨架,使得建筑结构稳定,便于施工. 在电站的冷却塔下部,我们可明显看到两两相交的直线作为其骨架,而广州的"小蛮腰"只用一条直线的旋转作为骨架(两根骨架之间采用曲线相连).

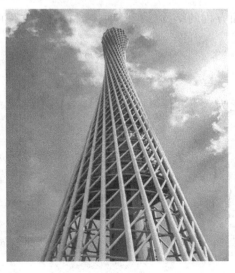

图　5-9-3

图 5-9-4 所示是一种直纹曲面的结构模型，建筑中常被用于旋转楼梯的设计.

图 5-9-5 所示是另一种直纹曲面的结构模型——马鞍面. 在这两种模型中，都可直观地看到，由直线可生成曲面，曲面中蕴含直线.

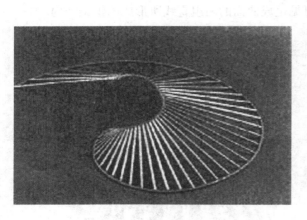

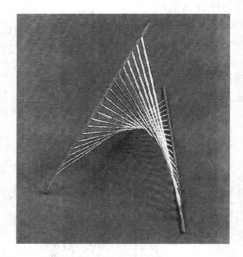

图 5-9-4 　　　　　　　　　　　　　　　　　　图 5-9-5

### 5.9.2 一类重要的直纹曲面：单叶双曲面

单叶双曲面的方程为 $\dfrac{x^2}{a^2} + \dfrac{y^2}{b^2} - \dfrac{z^2}{c^2} = 1$ （单叶旋转双曲面是其特殊情形）.

分析：如果曲面是直纹曲面，曲面 $S$ 上存在一族直线，要满足下面两个条件：

（1）曲面 $S$ 上的每个点必定在这个族中的某一条直线上；

（2）直线族中的每条直线都在曲面 $S$ 上.

我们先分析单叶双曲面方程的结构，把 $\dfrac{y^2}{b^2}$ 项移到右边，方程可变形为

$$\frac{x^2}{a^2} - \frac{z^2}{c^2} = 1 - \frac{y^2}{b^2},$$

两边分别因式分解，又可化为 $\quad \left(\dfrac{x}{a} - \dfrac{z}{c}\right)\left(\dfrac{x}{a} + \dfrac{z}{c}\right) = \left(1 - \dfrac{y}{b}\right)\left(1 + \dfrac{y}{b}\right),$

引入参数 $u$，$v$，可得直线

$$\begin{cases} u\left(\dfrac{x}{a} + \dfrac{z}{c}\right) = v\left(1 + \dfrac{y}{b}\right), \\ v\left(\dfrac{x}{a} - \dfrac{z}{c}\right) = u\left(1 - \dfrac{y}{b}\right) \end{cases} (u^2 + v^2 \neq 0).$$

**定理 1** 单叶双曲面 $\dfrac{x^2}{a^2} + \dfrac{y^2}{b^2} - \dfrac{z^2}{c^2} = 1$ 是直纹曲面，它有两族直母线，如图 5-9-1 所示：

$$\begin{cases} u\left(\dfrac{x}{a}+\dfrac{z}{c}\right)=v\left(1+\dfrac{y}{b}\right), \\ v\left(\dfrac{x}{a}-\dfrac{z}{c}\right)=u\left(1-\dfrac{y}{b}\right) \end{cases} (u^2+v^2\neq 0),$$

$$\begin{cases} t\left(\dfrac{x}{a}+\dfrac{z}{c}\right)=v\left(1-\dfrac{y}{b}\right), \\ v\left(\dfrac{x}{a}-\dfrac{z}{c}\right)=t\left(1+\dfrac{y}{b}\right) \end{cases} (t^2+v^2\neq 0).$$

**推论**　对于单叶双曲面上的点，两族直母线中各有一条直母线通过这点.（电站的冷却塔的结构中可明显看到，见图 5-9-2）

### 5.9.3　一类重要的直纹曲面：双曲抛物面（马鞍面）

**定理 2**　双曲抛物面 $\dfrac{x^2}{a^2}-\dfrac{y^2}{b^2}=2z(a>0,b>0)$ 是直纹曲面，它有两族直母线：

$$\begin{cases} \dfrac{x}{a}+\dfrac{y}{b}=2u, \\ u\left(\dfrac{x}{a}-\dfrac{y}{b}\right)=z \end{cases} (u\in \mathbf{R}), \qquad \begin{cases} \dfrac{x}{a}-\dfrac{y}{b}=2v, \\ v\left(\dfrac{x}{a}+\dfrac{y}{b}\right)=z \end{cases} (v\in R).$$

同样，对于双曲抛物面上的点，两族直母线中各有一条通过这一点，如图 5-9-6 所示.

北京奥运主场馆"鸟巢"（见图 5-9-7）的外形结构主要由巨大的门式钢架组成，共有 24 根桁架柱，其建筑顶面呈鞍形. 在它的屋顶外形中我们很清楚地看到纵横分布的直线状钢梁，这些直线状钢梁构成了鞍形的曲面. 这也是利用直纹曲面的直母线来构成建筑骨架的案例.

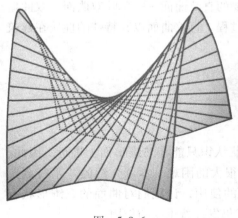

图　5-9-6　　　　　　　　　　　　　　　　　图　5-9-7

图 5-9-8 所示为世界著名建筑——悉尼歌剧院. 从远处看，悉尼歌剧院就好像一艘正要起航的帆船，带着所有人的音乐梦想，驶向蔚蓝的海洋. 从近处看，它就像一个陈放着贝壳的大展台，贝壳也争先恐后地向着太阳立正看齐. 据说，悉尼歌剧院设计的灵感正是来自正要起航的帆船，而风帆可看成是一种锥面，锥面是另一种直纹曲面.

图 5-9-9 所示是一个城市的广场建筑——风帆. 这是直纹曲面（锥面）在建筑中的直接应用，简洁又美观！事实上直纹曲面在建筑上的应用是非常多的，有兴趣的读者朋友们可以自己去发现！

图　5-9-8

图　5-9-9

### 5.9.4　单叶双曲面、双曲抛物面的性质

单叶双曲面、双曲抛物面的直母线方程形式不同，可分为两种类型. 形式相同的称为同族直母线，形式不同的称为异族直母线. 单叶双曲面、双曲抛物面的直母线还有以下结论：

**定理 3**　单叶双曲面上异族的任意两直母线必共面，而双曲抛物面上异族的任意两直母线必相交.

**定理 4**　单叶双曲面或双曲抛物面上同族的任意两直母线总是异面直线，而且双曲抛物面同族的全体直母线平行于同一平面.

本节我们介绍了直纹曲面的概念，学习了两类重要的直纹曲面——单叶双曲面、双曲抛物面的图形与性质，以及这两类直纹曲面动态的生成过程. 直纹曲面以其特殊的性质在建筑学上有着广泛的应用. 空间几何是不是很有趣？

## 延 伸 阅 读

**1. 平行截割法**

在利用计算机辅助研究之前，我们对于曲面的形状认识只能在二维平面上进行. 因此，对于给定的曲面方程，如何来认识曲面的形状是一个很大的困难. 本章介绍的"平行截割法"就是解决这个困难的方法之一，尽管现代计算机的使用，让我们对曲面的三维形状有了直观的感受，但从定量研究的角度，"平行截割法"仍发挥着重要的作用.

所谓"平行截割法"，也就是用一族平行平面来截割曲面，研究截口曲线是怎么变化的，从这一族截口曲线的变化情况，我们就能想象出方程所表示的曲面的整体形状. 这是认识空间图形的重要方法，它的思想是把复杂的空间图形归结为比较容易认识的平面曲线. 这种思想方法，也被测绘人员用来绘制等高线地形图. 例如，要绘制一座高山的地形图，可用一族等距平行于地平面的平面来截割，得一族截口曲线，这也就是测出每隔同样高度的曲线即等高线，然后把这些曲线垂直投影到地平面上，就得到一族投影曲线，这就是等高线地形图（图），如延伸阅读图 1 所示．高山的大致形状，便由等高线图显示出来．从等高线图中容易看出，在相邻两曲线靠得越近的地方，那里的坡度就越大，山势就陡；两曲线离得远的地方，坡度就小，也就是较为平坦．

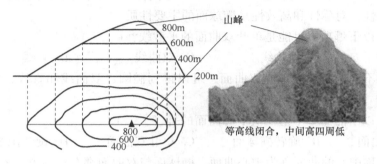

延伸阅读图 1

## 2. 有心二次曲面的统一方程

椭球面和双曲面，包括单叶双曲面和双叶双曲面，都具有良好的对称性，它们关于三个坐标面、三个坐标轴和原点都是对称的．特别是，原点是它们的对称中心，而其他二次曲面没有对称中心，因此将椭球面和双曲面合称为有心二次曲面．有（中）心二次曲面有统一的方程形式

$$Ax^2 + By^2 + Cz^2 = 1 \qquad (ABC \neq 0).\tag{1}$$

当三个系数都是正数时，方程（1）表示椭球面；

当三个系数二正一负时，方程（1）表示单叶双曲面；

当三个系数一正二负时，方程（1）表示双叶双曲面；

当三个系数都是负数时，方程（1）不表示任何曲面，或称虚曲面．

特别是单叶双曲面与双叶双曲面，还可以将它们的方程写成另外形式：

当 $A > 0$，$B > 0$，$C < 0$ 时，单叶双曲面方程为

$$Ax^2 + By^2 + Cz^2 = 1,\tag{2}$$

双叶双曲面方程为

$$Ax^2 + By^2 + Cz^2 = -1,\tag{3}$$

我们再考虑齐次方程

$$Ax^2 + By^2 + Cz^2 = 0,\tag{4}$$

它表示顶点在原点的锥面．

通过动画我们可以看到单叶双曲面（2）、锥面（4）与双叶双曲面（3）的相互变化过程及其关系．如延伸阅读图 2 曲面套所示．

延伸阅读图 2

如果用 $z = |h|$ 去截割曲面套时，两种双曲面的截口椭圆与锥面的截口椭圆无限接近，因此将锥面称为对应双曲面的渐近锥面．

## 习 题 五

1. 单选题：下面哪一项不是椭球面的主要性质？（　　）

A. 有界性　　　　　B. 对称性　　　　　C. 弯曲性　　　　　D. 高效性

解析：有界性，对称性和高效性是椭球面的主要性质.

2. 单选题：以下哪项不可能是单叶双曲面的平截线？（　　）

A. 椭圆　　　　　B. 抛物线　　　　　C. 双曲线　　　　　D. 直线

解析：利用不同平面去截单叶双曲面，可以得到椭圆、双曲线和直线，但不会出现抛物线.

3. 单选题：以下曲面中不是二次中心曲面的是（　　）.

A. 双叶双曲面　　　B. 旋转椭球面　　　C. 单叶双曲面　　　D. 旋转抛物面

解析：有对称中心的曲面称为中心曲面. 椭球面与双曲面都有对称中心，而抛物面没有对称中心.

4. 单选题：以下关于椭圆抛物面的性质描述，错误的是（　　）.

A. 关于 $xOz$ 坐标面对称　　　　　　　B. 关于 $yOz$ 坐标面对称

C. 关于 $z$ 坐标轴对称　　　　　　　　D. 其对称中心是（0,0,0）

解析：椭圆抛物面没有对称中心，都在 $xOy$ 坐标面的一侧，（0,0,0）为顶点.

5. 单选题：以下关于椭圆抛物面截痕的描述，正确的是（　　）.

A. 用平行于 $xOy$ 的平面去截，截痕可能是一个点

B. 用平行于 $xOy$ 的平面去截，截痕可能是椭圆

C. 用平行于 $xOy$ 的平面去截，截痕可能是圆形

D. 以上都对

解析：截痕形状随着平面位置的不同，可以是顶点，可以是椭圆，如果 $a=b$，则截痕是圆形.

6. 单选题：双曲抛物面的方程是（　　）.

A. $\dfrac{x^2}{a^2}+\dfrac{y^2}{b^2}=2z^2$　　　　　　　　　　　B. $\dfrac{x^2}{a^2}-\dfrac{y^2}{b^2}=2z$

C. $\dfrac{x^2}{a^2}+\dfrac{y^2}{b^2}=2z$　　　　　　　　　　　D. $\dfrac{x^2}{a^2}-\dfrac{y^2}{b^2}=2z^2$

解析：双曲抛物面和椭圆抛物面都是两个平方项，一个一次项，只是一个符号不同.

7. 判断题：生活中球面的容器不是太多，原因是设计师不懂"相同的表面积，球面包含体积最大"这一数学知识.

解析：除了材料利用的高效，设计师还要考虑安全、方便等其他因素，球体容易滚动是其不利之处.

8. 判断题：双曲抛物面两条主抛物线所在的平面互相垂直且具有相同的顶点和对称轴，且开口方向相同.

解析：双曲抛物面两条主抛物线所在的平面互相垂直且具有相同的顶点和对称轴，但开

口方向相反.

9. 判断题：建筑中采用单叶双曲面的原因就是因为外形漂亮.

解析：美是建筑中采用单叶双曲面的原因之一，但还因为单叶双曲面是直纹面.

10. 判断题：双曲面可以由直线运动生成.

解析：单叶双曲面可以由直线运动生成，是直纹面，而双叶双曲面不是直纹面.

11. 思考题：椭球面的主截线与平截线都是椭圆. 请判断这种说法是否正确，如果错误，请说明理由.

12. 思考题：单叶双曲面可以由椭圆或抛物线运动生成，也可以由双曲线或直线运动生成. 请判断这种说法是否正确，如果错误，请说明理由.

# 第6章　组合曲面与异形曲面

前面我们学习了几种常见的曲面，体现了一种简洁、平衡的美．然而在实际应用的空间几何模型中，曲面的情况往往复杂多样．为研究方便，我们不妨将前面已学的曲面称为常规曲面，而其余的曲面统称为复杂曲面．复杂曲面已经成为航空航天、建筑、航海、汽车、模具和生物医药等领域众多工业产品及零部件的重要工作面．例如，非球面光学零件能够改善像差，提高影像质素；复杂曲面发动机气缸可提高工作效能；飞机翼型、风机叶片翼型的优化可以提升动力性能等．

本章主要介绍复杂曲面中的组合曲面和异形曲面，因为这两种曲面不仅特点相对突出，而且在实际应用中又非常广泛．在艺术设计方面，组合曲面和异形曲面也是常常被设计成各类产品，应用复杂曲面外形以达到功能需求和最佳的美观性．那么，这些高颜值的曲面都蕴含着什么数学原理？曲面在现代科学中的广泛应用又有哪些？让我们一起来探索吧！

## 6.1　组合曲面及其相贯线应用案例赏析

本节我们主要学习组合曲面及其相贯线的概念，学习相贯线的一般方程，同时提供组合曲面及其相贯线在各个领域的应用案例赏析．

二维码 6.1

视频：组合曲面
及其相贯线
应用案例赏析

### 6.1.1　组合曲面及其相贯线的概念

现实中，复杂的产品很难用一张简单的曲面进行表示，而是多种曲面的组合．

**定义 1**　组合曲面是指由多种曲面片拼合成的复杂曲面．

前面章节，我们已经学习过一些常见的曲面：如平面、球面、柱面、锥面、旋转曲面、二次曲面等．我们可将整张复杂曲面分解为这些常见的曲面片，每张曲面片由满足给定边界约束的方程表示，边界曲线就是组合曲面的**相贯线**．如图 6-1-1 所示，边界曲线就是球面与圆柱面的相贯线．

**定义 2**　两个或几个立体相交，表面形成的交线称为相贯线．相贯线形状取决于相交立体的形状、大小和相对位置．

平面立体相交的相贯线为多段直线构成的封闭空间折线；两曲面立体相交的相贯线可能为封闭的空间曲线；特殊情况下两立体相交的相贯线可能是平面曲线；平面立体与曲面立体相交的相贯线为多段直线与曲线组合构成的封闭空间图形或者封闭的空间曲线，如图 6-1-2 依次所示．

图　6-1-1

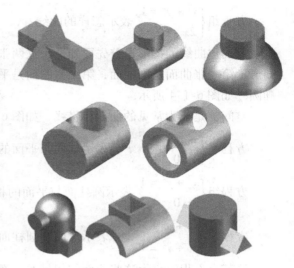

图　6-1-2

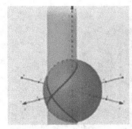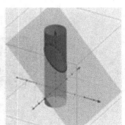

图　6-1-3

如图 6-1-3 所示，从微课视频中的动图我们可以看出：相贯线的形状取决于相交立体的形状、大小和相对位置. 相贯线的性质有以下两点.

（1）共有性：相贯线是相贯两立体表面的共有线，也是相贯两立体表面的分界线，它由相贯两立体表面的一系列共有点组成的.

（2）封闭性：由于立体都是一些表面所围成的封闭空间，因此一般情况下，相贯线是一封闭的空间曲线，特殊情况下可为平面曲线，或者直线段构成的封闭多边形或曲边形.

## 6.1.2　相贯线的一般方程

空间曲线可视为两曲面的交线. 其一般方程为方程组

$$\begin{cases} F_1(x,y,z) = 0, \\ F_2(x,y,z) = 0. \end{cases}$$

$F_1(x,y,z) = 0$ 是一张空间曲面的方程，$F_2(x,y,z) = 0$ 是另一张空间曲面的方程，两个联立起来就得到空间曲线. 如果 $F_1(x,y,z) = 0$ 与 $F_2(x,y,z) = 0$ 都是 $x$，$y$，$z$ 的一次方程，得到的交线是直线；如果不是一次方程，得到的交线就是曲线. 下面我们来看具体例子.

方程组 $\begin{cases} x^2+y^2=1, \\ 2x+3z=6 \end{cases}$ 表示怎样的曲线？

要描述曲线的图形，首先要知道，这两张曲面是怎样的曲面，它的图形是怎样的．我们知道，第一张曲面是圆柱面，第二张曲面是平面，所以方程组表示圆柱面与平面的交线，为椭圆．如图 6-1-4 所示．

空间圆是最为常见的曲面相贯线，如图 6-1-5 所示，我们分别看三个方程组：

方程组 $\begin{cases} x^2+y^2+z^2=4, \\ z=0 \end{cases}$ 表示球面与平面的相贯线；

方程组 $\begin{cases} x^2+y^2=4, \\ z=0 \end{cases}$ 表示圆柱面与平面的相贯线；

方程组 $\begin{cases} x^2+y^2+z^2=4, \\ x^2+y^2=4 \end{cases}$ 表示球面与圆柱面的相贯线；

这三个方程组表示这些曲面的相贯线，都为落在 $xOy$ 面上，圆心在原点，半径为 2 的空间圆．

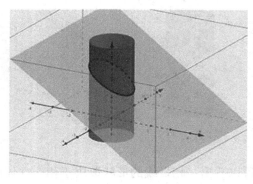

图　6-1-4

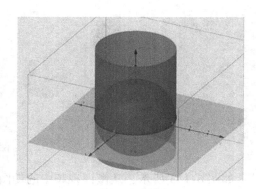

图　6-1-5

又如：圆锥面 $z=1-\sqrt{x^2+y^2}$ 与旋转抛物面 $x^2+y^2-z=1$ 的相贯线也是圆 $\begin{cases} x^2+y^2=1, \\ z=0, \end{cases}$ 如图 6-1-6 所示．

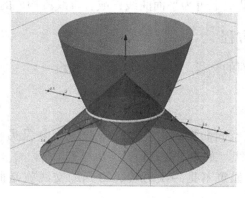

图　6-1-6

圆是最为常见的曲面相贯线，但除此之外，还有很多形态各异的空间曲线，请看下面的应用案例赏析．

### 6.1.3　组合曲面及其相贯线的应用案例赏析

**例 1**　维维安尼曲线：$\begin{cases} x^2 + y^2 + z^2 = a^2, \\ x^2 + y^2 - ax = 0. \end{cases}$

我们知道第一个曲面是球面，第二个曲面是柱面，它缺少一个变量 $z$，是母线平行于 $z$ 轴的圆柱面，球面与圆柱面的交线称为维维安尼曲线，如图 6-1-7 所示，它形似无领 T 恤衫领口．取半球面与圆柱面的相贯线也常被用于欧式的建筑设计中，如图 6-1-8 所示．

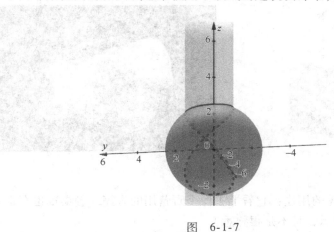

图　6-1-7

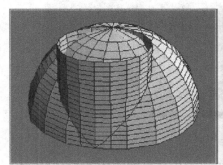

图　6-1-8

**例 2**　牟合方盖曲面：牟合方盖相贯线 $\begin{cases} x^2 + y^2 = R^2, \\ y^2 + z^2 = R^2. \end{cases}$ 两个直径相等的正圆柱体，它们垂直相交（互相穿过对方），其公共部分称为牟合方盖曲面．

牟合方盖，为我国古代数学家刘徽所命名．有兴趣的同学可以拓展阅读牟合方盖体积和表面积的计算方法．从以下这几个动图中，我们可以看到牟合方盖的形成过程，和它的相贯线的形状．这个形状，大家有没有感觉到眼熟呢？如图 6-1-9 所示．

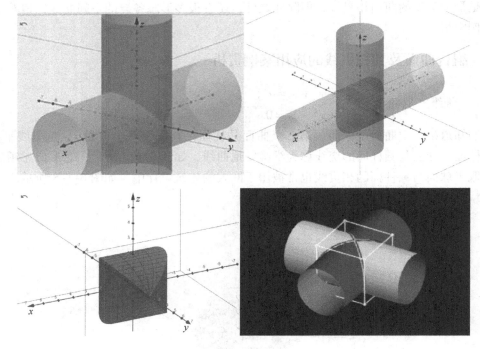

图　6-1-9

我们一起探讨牟合方盖的用途：它看上去像个野营用的帐篷. 餐桌罩也有很多是做成这个形状的，如图 6-1-10 所示，是不是很熟悉?

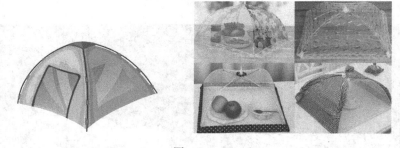

图　6-1-10

**例3**　机械构件上的曲面：组合曲面及其相贯线在机械构件上的应用. 小到常见的不锈钢连接件，四通，五通等，大到大型的机械组件等，都可见各种曲面的造型或组合. 复杂曲面发动机气缸可提高工作效能，实现高精度并完善性能. 如图 6-1-11 所示.

**例4**　建筑上的应用曲面：组合曲面及其相贯线在建筑上的应用更为广泛，比如西方的教堂、城堡等，用了很多的圆柱面、锥面与球面等. 如图 6-1-12 左图所示的弗里德里克教堂，俗称大理石教堂，其穹顶直径达到了 31m. 圆顶被安置在 12 根圆柱之中. 图 6-1-12 右图所示的菲德列古堡和印度泰姬陵都具有较高的艺术价值.

**例5**　螺旋线与螺旋面：螺旋线是空间曲线，它以圆柱面为导面时形成圆柱螺旋线，如图 6-1-13 所示，圆柱螺旋线是点沿导面上的直母线匀速移动，而母线绕圆柱面匀速回转时

图　6-1-11

图　6-1-12

的轨迹. 若以圆锥面为导面时，则形成圆锥螺旋线，我们爱吃的冰激凌正是由底部的圆锥面＋一个球面＋顶部的圆锥螺旋线组成的！如图 6-1-14 所示.

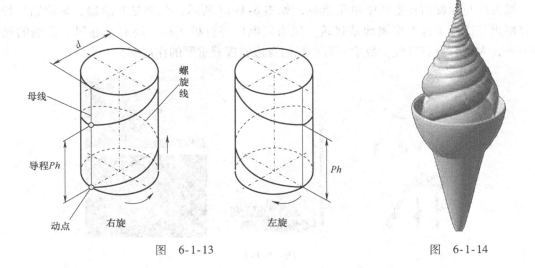

图　6-1-13

图　6-1-14

螺旋面是直母线做螺旋运动的轨迹，如图 6-1-15 所示，有正/斜/可展螺旋面．正螺旋面（见图 6-1-15 左图）：以圆柱螺旋线及轴线为导线，直母线沿此两条导线滑动的同时始终垂直于轴线所得的轨迹．斜螺旋面（见图 6-1-15 右图）：当直母线与轴线成一定倾角，并做螺旋运动时的轨迹．通过螺旋面的剖视图，我们可以看到两种螺旋面的不同．

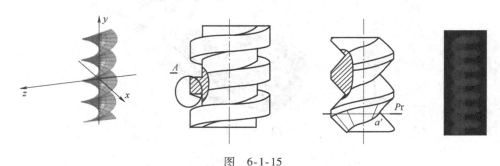

图　6-1-15

螺旋面在机械上的应用，如图 6-1-16 所示：方牙螺纹（左）．斜螺旋面的应用：蜗杆（右）．螺旋面广泛应用于机械常用件中，如螺纹紧固件、蜗杆等，实现了紧固、传递动力、变速度和方向等作用．

图　6-1-16

螺旋线与螺旋面在生活中也很常见，如图 6-1-17 所示，分别是开瓶器、螺旋钻、长螺旋打桩机，适用于各类房屋地基建筑、风力发电厂等打桩工程．还有龙卷风、浩瀚的星空图……，大家有没有发现，数学一直在我们身边发挥着重要的作用呢！

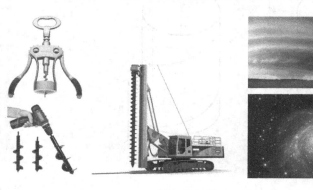

图　6-1-17

螺旋面在建筑上的应用：如图 6-1-18 所示，左图是梵蒂冈博物馆的双螺旋结构的阶梯，巧妙的设计使得上楼和下楼的人不会相遇，这种设计科学原理就是旋转与上升两种速度合成双螺旋面不仅在技术上解决了拥堵问题，而且有艺术美感．右图是哥本哈根的救世主教堂．螺旋状的尖塔外部环绕着楼梯，游客可以盘旋登到顶部一览城市中心的美景．逆向的台阶设计成为它的特色.

图　6-1-18

再介绍一个例子，如图 6-1-19 所示，位于哥本哈根有 45m 高的 EFFEKT 螺旋观景塔，有着腰围细长、底部和顶部逐渐变宽的螺旋式造型，形似一个沙漏，人们站在观景塔上可俯瞰哥本哈根以南的森林．它摆脱了典型的圆柱体造型，增大了塔体的稳定性，增加了顶部观景台面积，增强了游客层层向上行走的体验，外部钢材格架最大限度地减少了对周围景观的视觉阻碍，巧妙地让游客与大自然融合在一起！

图　6-1-19

若你学过素描，你一定知道，在画相贯线的时候比较抽象，如图 6-1-20 所示．要让画作更加逼真，则需要我们具备较强的空间想象能力．学工科的人们经常要面对复杂的机械结构，学建筑设计或工业设计的人们则需要产生更多的创作灵感．那么通过本节课的介绍，大家是不是对组合曲面及其相贯线有更深刻的认识了呢？下一节，我们介绍异形曲面.

图　6-1-20

## 6.2　异形曲面及其应用案例赏析

本节我们主要学习异形曲面的概念、类型介绍和异形曲面的应用案例赏析——如莫比乌斯带、海螺面等在大自然、工业、建筑等方面的应用.

二维码 6.2
视频：异形曲面及其应用案例赏析

### 6.2.1　异形曲面的概念

**定义**　异形曲面是曲母线在运动过程中，形状或大小都发生变化的曲面. 如图 6-2-1 所示的莫比乌斯带，还有变线曲面、海螺面等，我们可以通过常见的空间曲面来分析和理解. 异形曲面广泛应用于建筑、艺术、工业生产中. 我们一起来欣赏吧！

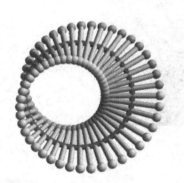

图　6-2-1

### 6.2.2　异形曲面的类型及应用介绍

#### 1. 莫比乌斯带

莫比乌斯带是由一条带子的两端扭转 180° 后结合而成的. 广泛用于建筑、艺术、工业生产中. 如果一只蚂蚁开始沿着这个纸带爬，那么它可以爬遍整条带子而不必跨越带的边缘，如图 6-2-2 所示. 莫比乌斯带的最神奇之处就是它的单侧性，如果用笔在莫比乌斯带上画线，笔始终沿曲面移动，且不越过它的边界，最后可把莫比乌斯带两面均画上一条连接不断的线．区分不出正反面．它只有一个面一条边．

如果你沿着纸带方向把莫比乌斯带剪成两半，它仍然还是一条带子，如图 6-2-3 所示．大家还可以搜索相关的视频欣赏并进行动手操作，一门叫作拓扑学的数学分支可以解释这种现象．

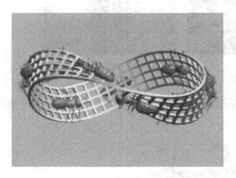

图　6-2-2

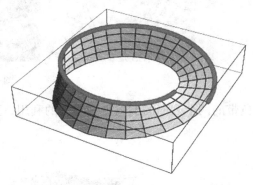

图　6-2-3

莫比乌斯带在建筑上有广泛的应用，如图 6-2-4 所示，左图为湖南长沙龙王港"莫比乌斯圈结合中国结"为原型的人行天桥．右图是哈萨克斯坦新国家图书馆．它成功地利用莫比乌斯带原理建造．在同样平面面积中通过不同角度的空间扭曲，让原有的空间在不同方向得以延伸，从而获得更多的可用空间．墙壁、屋顶和地板在不同的角度变化，给读者新奇的体验．

图　6-2-4

莫比乌斯带还用在很多领域，如图 6-2-5 所示，有些过山车的跑道（左图），采用的就是莫比乌斯带原理．中国科学技术馆的标志性模型"三叶扭结"（中图）表示着科学没有国界，是相互连通的．2007 年世界夏季特殊奥林匹克运动会会标"眼神"为主题的纪念雕塑（右图），采用的就是象征着无限发展的莫比乌斯环．

在工业生产中，最经典的是垃圾回收标志，如图 6-2-6 所示，由莫比乌斯带变化而来，日常生活中随处可见．20 世纪 70 年代，一个轮胎公司创造性地把传送带制成莫比乌斯带形状，这样一来，整条传送带环面各处均匀地承受磨损，避免了普通传送带单面受损的情况，使得寿命延长一倍．磁带，也用到了此原理．在工业制造中针孔打印机的色带，也是莫比乌斯带．在色带的上半部分进行打印之后，自动转到背面的下半部分，继续进行打印．这样使

图 6-2-5

得色带的两个表面的颜色得到充分的利用，这样可以提高色带的使用寿命，减少更换频率.

图 6-2-6

## 2. 变线曲面

母线圆在运动过程中，直径按一定规律发生变化，圆平面始终垂直于曲导线. 大家看图 6-2-7中间这幅海螺面的图片，再看左图这幅我们非常熟悉的松果图. 它们都有长得非常像的螺线. 意大利数学家斐波那契发现的一组数列，揭示了自然界的生物都会寻找一种最优的方式去生存，由数学的原理在控制. 感兴趣的同学可以课下拓展学习：万物皆数专题片.

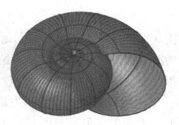

图 6-2-7

形如鹦鹉螺外壳状的水轮机就是海螺面的典型应用. 水轮机及辅机是重要的水电设备，是水力发电行业必不可少的组成部分，是充分利用清洁可再生能源实现节能减排、减少环境污染的重要设备. 在水电站中，上游水库中的水经引水管引向水轮机，推动水轮机转轮旋转，带动发电机发电，如图 6-2-8 所示.

图　6-2-8

我们用计算机设计软件模拟大自然的植物，能找到各种曲面的影子. 如图 6-2-9 所示，叶子的弯曲，对称的曲面形成的南瓜外表，花瓣的形态等. 关于基于几何模型的自然案例赏析请参见本章第 4 节更深入的介绍.

图　6-2-9

### 3. 工艺品上的应用

异形曲面在工艺品上有着广泛的应用. 比如图 6-2-10 所示的各种家居摆件，新颖创意，流线造型带给人以美的享受. 右图中是有上百年历史的银器品牌 Georg Jensen 的几款经典的艺术作品，既美观又实用，已经成为家居的经典.

图　6-2-10

图 6-2-11 所示的独特造型的吊灯叫作飞碟灯. 或许你时常在北欧时尚家居场景中见到它. 这是一盏由丹麦设计师在 1958 年设计的吊灯，这个经典之作也是迄今销量最好的灯具之一. 灯具经典之处，在于它美丽中蕴含的数学奥秘. 设计师运用"等角螺线"计算出三层灯罩的比例、弯曲弧度、角度，让射出的每一束光线在灯罩表面通过反射、折射后变得均

匀，且光线的亮度能不断被削弱直至柔和.

图　6-2-11

它的设计以等角螺线的旋转程度为参照，让光源位于等角螺线的焦点上. 这款经典之作体现了设计师在数学、光学等多种学科融会贯通的智慧.

**4. 风机上的应用**

风机叶片，如图 6-2-12 所示，是风力发电机的核心部件之一，约占风机总成本的 15% ~20%，它设计的好坏将直接关系到风机的性能以及效益. 结构设计人员在如何将设计原则和制造工艺相结合的工作中扮演着重要角色，必须找出保证性能与降低成本之间的最优方案.

图　6-2-12

为了降低生产成本，常见的叶片都采用中空式设计，如图 6-2-13 所示. 叶壳的作用主要是提供空气动力学外形. 叶壳的夹芯结构增加了刚性. 叶根部分通常设计为圆形. 几何尺寸的优化设计需要从风机设计、CFD（见图 6-2-14）、载荷分析、结构设计和制造成本等多方面综合考量才能获得最佳的结果. 世界风电巨头维斯塔斯没有将叶片厂外包，正是因为叶片设计是风力发电机组最核心的技术，直接影响发电量和整机载荷水平，是制约风机优化的最关键因素.

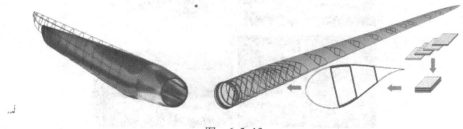

图　6-2-13

### 5. 工业上的应用

　　异形曲面在工业、航空业等领域更是应用广泛，如图 6-2-15 所示. 结合材料学、热力学、力学等科学基础，人们不断在创新. 中国在导弹武器、运载火箭、人造地球卫星和载人航天方面取得了辉煌成就，航天工业为中国的国防建设做出了巨大贡献. 高度综合的现代科学技术包括电子技术、自动控制技术、计算机技术、喷气推进技术、制造工艺技术、医学、真空技术和低温技术等，其在实际应用中相互交叉和渗透，使现代技术形成了完整的体系.

图　6-2-14

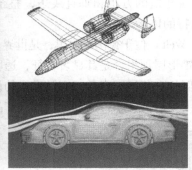

图　6-2-15

### 6. 建筑上的应用

　　现代建筑中异形作品不断涌现，新颖的造型使得建筑风格发生颠覆性的变化，给人们带来新的视觉感受，比如图 6-2-16 所示的梅溪湖国际文化艺术中心：总投资 28 亿，涵盖了一个大剧院和一个现代艺术博物馆. 整个建筑以流线型线条为主. 诸多异形和双曲面造型，像是把平面直线和曲线任意伸展. 这是当今建筑工程中幕墙施工最复杂，技术难度最大，科技含量最领先的工程之一. 该艺术中心成为国际一流的高雅文化艺术殿堂，造型犹如一朵朵绽放的芙蓉花.

　　图 6-2-17 所示为 2012 年落成的位于北京的银河 SOHO，已不再是刚硬的直线方形建筑，

图 6-2-16

而是圆润的、柔性的、可塑的、流线连续的壮观的整体. 平台错落有致, 任何角度都保持 360°的流线型, 没有生硬的角度. 空间的流动性和导向性使得到访者观察到不同角度的光影. 曲线逻辑使得这个建筑富有动感和生机, 使得人们联想一种沉浸在多维建筑中的渴望.

图 6-2-17

图 6-2-18 所示的是 Absolute Tower, 外界评论作"玛丽莲·梦露大厦", 是加拿大密西沙加市地标建筑. 设计师通过此建筑, 用异形曲面表达城市中对美的感受. 不同于传统建筑的方正和垂直线条, 整个建筑在每个高度有着不同角度的扭转, 给不同高度的用户独特的体验.

宝马世界（BMW Welt）位于德国慕尼黑, 是世界著名的异形建筑, 如图 6-2-19 所示, 独具一格的玻璃大厅与双锥形屋顶组合是其显著特征, 透明的玻璃外墙让大量光线照入, 即便不在开放时间, 你也可以轻松一览展区内景. 宝马世界的设计复杂, 展现了建筑师丰富的想象力和综合计算机软件设计与建筑等各学科的理念, 为汽车品牌打造了一款独一无二的现代化建筑.

图 6-2-18

图 6-2-19

图 6-2-20 所示是上海中心大厦，是一座巨型高层地标式摩天大楼，其外形呈螺旋式上升，使得建筑能够承受台风的考验，墙钢结构支撑体系结构复杂，每区幕墙自我体系相对独立．上海中心大厦也满足节能的需要，它摆脱了传统的直线高层建筑结构框架，以旋转不对称等特点减少风力载荷，从而节能减排．

图　6-2-20

大家通过本节的学习，是不是开拓了对异形曲面的认识呢？期待你们展开异形曲面的设计与产品创作．

# 6.3　基于几何模型的青瓷作品赏析

二维码 6.3
视频：基于几何
模型的青瓷
作品赏析

## 6.3.1　龙泉青瓷发展简史

龙泉位于浙江省西南部，境内丛山耸峙，山高林密，燃料充足，瓷土资源蕴藏丰富．龙泉溪位于瓯江上游，水运畅通，烧制成的龙泉青瓷可通过水运直抵温州港口．优越的自然环境为龙泉窑生产青瓷提供了十分优越的条件．龙泉青瓷的烧制始于 1700 多年前，是中国乃至世界陶瓷史上烧制年代最长、窑址分布最广、产品质量要求最高、生产规模和外销范围最大的青瓷历史名窑之一．

青瓷是中国陶瓷烧制工艺的珍品，早在商周时期就出现了原始青瓷，历经春秋战国时期的发展，到东汉有了重大突破．魏晋南北朝时期，中原动荡，江南偏安，那时最具代表性的浙江越窑青瓷得到了快速发展，宋朝是青瓷发展的鼎盛时期，各类青瓷瓷器涌现不断，青瓷开始进入了全方面发展，宋室南渡后，青瓷的生产中心逐渐转移到了浙江龙泉，时至明朝前期，青瓷产量已经巨大，远销海外，然而到了清末，龙泉青瓷开始走向衰落．

但好在最终都在朝着新时代和进步的方向发展．1957 年，周恩来总理做出"要尽快恢复祖国历史五大名窑，首先要恢复龙泉窑和汝窑的生产"的重要指示. 紧接着浙江龙泉瓷厂、江苏宜兴瓷厂等一批生产青瓷的窑口，相继恢复生产. 经过几代人 50 多年的努力，现代龙泉青瓷在继承和仿古的基础上，更有新的突破，在装饰工艺上，开发出青瓷薄胎、青瓷玲珑、青瓷釉下彩、哥弟窑结合等形式. 千年古瓷重新焕发光彩，将青瓷的烧造质量和品种提高到一个新的高度. 现在龙泉已有数百家青瓷产业，它们代表的不只是青瓷工艺品，更是我国千年的青瓷文化传承.

而且，具有创造性的龙泉青瓷从拉坯到烧成，都是纯手工制作，且是个人单独完成，就配方而言，人各一方，具有很强的个性化，是创造性的艺术品.

在这一节里，我们主要结合前面各章节所学的曲面，按照旋转曲面、柱面和异形曲面的大致顺序，从造型的角度来欣赏各种青瓷作品，接下来就让我们开始本次青瓷赏析之旅吧.

"自古陶重青品"，深沉、优雅、含蓄是青瓷美学的境界. 单用一个色彩作为表现手段，青瓷在古往今来的各色瓷器中无疑是魁首. 当然，如图 6-3-1 所示，青瓷之美，同样也美在形制和工艺.

图　6-3-1

先看一下青瓷成型的主要工艺：拉坯成型. 所谓拉坯，就是把揉好的泥巴放在拉坯机上，利用机器的旋转和手的力量将黏土拉成所需形状的过程，这样的工艺，出来的产品自然就是典型的旋转曲面了.

我们先来看一下各个朝代利用这种工艺生产的各种青瓷器物. 图 6-3-2 所示是不同时期的青瓷器物.

从左边宋元时期的碗，到中间的瓶，再到右边的现代青瓷，虽然在釉色、造型上各有特点，但它们均明显包含了同一种数学元素——旋转曲面.

## 6.3.2　旋转曲面造型的青瓷器物

### 1. 玉壶春瓶

青瓷中有一类叫作玉壶春瓶，其形状类似旋转抛物面和旋转单叶双曲面，基本形制为撇

图　6-3-2

口、细颈、垂腹、圈足，它是一种以变化柔和的曲线为轮廓线的瓶．玉壶春瓶是宋瓷中具有时代特点的典型器物，这种瓶的造型定型于宋代，历经宋、元、明、清直至现代，成为中国瓷器造型中的一种典型类别．如图 6-3-3 所示．

图　6-3-3

前期器型多承袭宋制，晚期颈部粗短，下腹部肥大，明、清的瓶式大致相同，口侈、颈较宋短，腹大足肥，有各种色釉和彩绘装饰．

玉壶春瓶在宋代是一种装酒的实用器具，后来逐渐演变为观赏性的陈设瓷．玉壶春瓶的基本造型是由左右两个对称的"S"形构成，线条优美柔和．

明代的玉壶春瓶器身有粗壮的趋势，圆腹渐趋丰硕，瓶颈加长，重心下移．发展到明代中期以后，玉壶春瓶的造型趋于细腻圆润，优美流畅．明代的玉壶春瓶主题纹饰常常以云龙、梅、兰、花鸟、缠枝莲等为主要装饰图案．

下面，请大家看图 6-3-4，左边的这只瓶看起来好像就是把右边的玉壶春瓶倒过来放置，它们之间的空间几乎

图　6-3-4

被填满了，下面我们来认识这种叫作**梅瓶**造型的瓶.

### 2. 梅瓶

它是一种小口、短颈、丰肩、瘦底、圈足的瓶式，以口小只能插梅枝而得名.

如图 6-3-5 所示，从左到右我们可以看出不同时期梅瓶的变化特点，最右边的这个现代梅瓶，可明显体现出现在的审美观，底部较为修长.

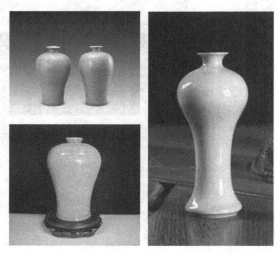

图 6-3-5

除了玉壶春瓶与梅瓶，青瓷中的葫芦瓶、尊瓶、石榴瓶等，同样也清晰体现出旋转体的造型特点. 图 6-3-6 所示依次为梅瓶、玉壶春瓶、葫芦瓶、尊瓶.

前面的几种瓶都具有共同的特点：曲线圆滑. 接下来我们介绍一种风格迥异的瓷器，"民以食为天"是国人千年古训，"食色，性也"又是圣贤对众生生存定义的诠释，而食需物来盛，碗就应运而生. 从新石器时代开始，碗的形状、质量、工艺随着世情的变迁、工艺的进步，使其表现了不同的功能和审美观. 以前流转下来制作精美的碗深受现在收藏者的喜爱.

### 3. 斗笠碗

斗笠碗是碗的一种式样，拥有圆锥形形制，好似一种简约旋转曲面，特有的斗笠式大沿口，斜直壁，小圈，反扣过来犹如一只江南斗笠，宋代始烧，此后历代均有烧制，如图 6-3-7 所示.

图 6-3-6

图 6-3-7

　　斗笠是田园生活的缩影，宁静，安详，流露着一股自由闲适，不由让人心安，充满向往．千百年来，精巧的斗笠杯碗也沾了斗笠的光，被古人赋予了一种逸然世外、天高云淡的道韵．甚至很多文人雅客认为用三才盖碗泡茶、斗笠碗品茶，才能充分体会茶道的韵．如今尚存的茶道流派，都对斗笠碗用情颇深．

　　诗圣杜甫客居成都期间，曾作诗《又于韦处乞大邑瓷碗》，为求得一件精美的"大邑烧瓷"，他不惜"求乞"韦少府，并急送"茅斋"．成都大邑一处唐宋遗址出土一只白瓷斗笠碗，虽深埋千年依然通体奶白，保存完好．据考古人员初步判断，这可能就是杜甫诗中所指的"大邑瓷碗"，如图 6-3-8 所示．

图　6-3-8

## 6.3.3　其他造型的青瓷器物

　　现在让我们把青瓷的造型从旋转曲面过渡到其他造型曲面．

**1. 帽筒**

　　它用于置放帽子；直口，筒腹中空，多为圆柱面，也有少部分为其余柱面，比如六棱柱（见图 6-3-9 右图）．圆柱面既是旋转曲面，又是柱面．

图　6-3-9

　　帽筒兴起于清朝咸丰年间，兴盛于 20 世纪前半叶，后来发展成为居家摆设、女儿出嫁时的必备陪嫁品．帽筒以制作工艺、制式、绘画等，饱含了清朝后期和民国期间的民风民俗，成为雅俗共赏的古董瓷器之一．

帽筒多见图 6-3-9 所示的粉彩及青花，且成对出现，像左图所示这种青瓷帽筒则较为少见，原因也较为显然，晚晴时期，龙泉窑不管是产量还是品质，均已没落，故现在收藏品市场上难觅其踪影．

### 2. 餐具瓷

除了帽筒外，很多瓷器的造型都能看到圆柱面的身影，比如图 6-3-10 所示，市面上常见的这种青瓷礼品杯，实用且很受欢迎．

图　6-3-10

除了圆柱外，柱面造型的青瓷器物相对旋转曲面造型的会较为少见，图 6-3-11 所示是一些柱面造型的青瓷器物，供大家欣赏．

除了上面介绍的这些器型外，生活中还能碰到前面章节介绍过的一些别的曲面，我们先回到旋转曲面，请看图 6-3-12 所示的三种青瓷器物．

图　6-3-11

图　6-3-12

马上就能发现旋转椭球面、旋转单叶双曲面的身影，第一图中的三个碗也与旋转抛物面有比较大的相似度.

青瓷的造型千姿百态，风格多样，虽然无法用数学公式进行精确描述，但也能找到一些普遍的规律.

请看图 6-3-13 所示最左边的石榴瓶，它可近似看成一个球面，然后沿上下方向压缩或拉伸，就可得到两种不同形状的旋转椭球面，在此基础上，再前后或左右压缩，又可进一步得到椭球面.

↑ 旋转椭球面 ↓　　　　椭球面

球面

图　6-3-13

再比如图 6-3-14 中这些盘子可看成从球面或旋转抛物面上截下一部分.

图　6-3-14

## 3. 装饰瓷

在装饰用瓷上，对常规曲面进行切割或扭曲，是青瓷设计时经常采用的一种方法.
近年来，在传统造型发扬光大的基础上，不管是生活用瓷还是艺术瓷器，各种新造型犹如雨后春笋般层出不穷，为青瓷大家族添姿加彩. 如图 6-3-15 所示.

图　6-3-15

相对于餐具用瓷，各种装饰用瓷在曲面的组合使用上更为自由奔放，也更为频繁．如图 6-3-16 所示，附上几款造型优美的青瓷花插，供同学们欣赏．通过欣赏这些精美的青瓷，希望大家对各种曲面，以及青瓷中常见的器型有更深的认识和了解，愿你们以青瓷为引，追寻中华传统文化的精髓，坚定四个自信中的文化自信．

图　6-3-16

## 6.4　基于几何模型的自然案例赏析

前面各章我们学习了很多曲面并进行了应用案例赏析，但这些案例更多的是从新工科的角度出发，带有人为色彩，是人类社会的产物，包括在机械工程、建筑土木、数字媒体、工业陶艺设计等方面的应用，6.3 节就讲述了基于几何模型的青瓷作品赏析．下面介绍基于几何模型的自然案例赏析，将从自然的角度给出一些几何模型的案例分析，请大家欣赏．

二维码 6.4
视频：基于几何
模型的自然
案例赏析

### 6.4.1　神奇的斐波那契螺旋线

在自然界中存在着一条神秘的螺旋线，看图 6-4-1 向日葵花盘中的曲线，这条曲线蕴含着一个数列叫作斐波那契数列：1，1，2，3，5，8，13，21，…，每一项皆为自然数，且从第 3 项开始，后一项都是前两项的和，此数列由数学家斐波那契最早以兔子繁殖为例而引入，故又称为"兔子数列".

斐波那契螺旋线也叫作黄金螺线，是因为在最近的 1993 年，人们对这个古老而重要的级数给出了真正满意的解释：此级数中任何相邻的两个数，次第相除，其比率都最为接近 $0.618034\cdots$，即 $\dfrac{a_{n+1}}{a_n} - 1 = \dfrac{a_{n-1}}{a_n} \rightarrow 0.618\,(n \rightarrow \infty)$，这个极限值就是所谓的"黄金分割比"，图 6-4-2 很好地展示了斐波那契螺旋线的生成过程，是从两个边长为 1 的相邻正方形开始翻滚，边长按斐波那契数列变化的正方形导出四分之一圆周所生成的平面曲线，是不是特别神奇呢？

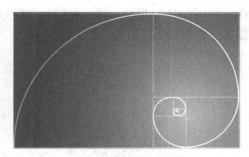

图　6-4-1　　　　　　　　　　　　图　6-4-2

斐波那契螺旋线在自然界中大量存在，与大自然植物的关系极为密切. 可以这样子说，斐波那契数列决定了植物的生长，包括花、茎、叶、果实等，图 6-4-3 所示就是隐藏在两种花盘中的螺线. 可以这样说，几乎所有花朵的花瓣数都来自于这个数列中的一项数字：3 片的有百合、尾花、延龄草等，5 片的有樱草、楼斗草、野玫瑰、飞燕草等，8 片的有血根草、波斯菊等，13 片的有瓜叶菊、万寿菊等，21 片的有菊苣、多毛金光菊等，34 片的有除虫菊等，大家可以根据花名去搜索验证.

图 6-4-3

除了花瓣数花形符合斐波那契数列或斐波那契螺旋线外，很多植物的茎叶，其形状也是这样的螺旋线，看图 6-4-4，刚刚长出土的嫩芽儿蕨菜，它的茎外缘隐藏了一条斐波那契螺旋线，图中的莲花掌多肉，漂亮吧，其叶片的外缘线也是一圈一圈的黄金螺线，除此之外，很多植物的卷须也是这样的螺旋线，如图中的茅膏菜.

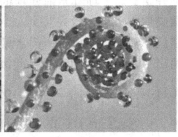

图 6-4-4

斐波那契数列决定植物生长的还有果实，以松果为代表，每个松果都形成两组旋向相反的螺旋线，如同向日葵花盘一样，它们的条数是这个数列中紧邻的两个数字. 如图 6-4-5 所示，左旋 8 条，右旋 13 条.

图 6-4-5

倘若两组螺旋线条数完全相同，岂不更加严格更加对称？可大自然偏不！原来，植物自由地向阳生长，选择这种符合斐波那契数列黄金螺线的数学模式，花盘上种子或者茎叶、果实等的分布都最为有效，疏密得当、最能充分地利用阳光和空气，花盘也变得最坚固壮实，产生后代的概率也最高！原来，符合斐波那契数列规律是植物的生长和大自然优胜劣汰选择的结果啊！还有一种说法是由于植物的 DNA 分子结构，因为每个 DNA 分子都是细长的双螺旋线，既然组成植物的分子是按螺旋曲线排列，那么植物各部分也遵循螺旋形生长，这就不足为怪啦！我们在下面还将继续分析.

介绍完植物再介绍动物，图 6-4-6 所示是大家已经熟知的鹦鹉螺，其表面上的曲线就是斐波那契螺旋线，图 6-4-7 所示则是螺旋线状的羊盘角，我们也发现了斐波那契螺旋线的生物化石，如图 6-4-8 所示，你是不是也觉得自然界中的螺旋线真的很神奇呢？其实，在动植物中大量存在的斐波那契螺旋线，也存在于天体运动的规律中. 看图 6-4-9：地球永恒地匀速旋转，由于地心引力及磁场的作用，引起潮汐变化大气运动，从而形成龙卷风或台风的螺旋涡，也是斐波那契螺旋线，还有夜晚的星空图，这些看似风马牛不相及的现象却都是由数学曲线所主宰！读者朋友们还可搜索"神奇的斐波那契数列"视频，欣赏更多内容.

图　6-4-6

图　6-4-7

图　6-4-8

图　6-4-9

## 6.4.2　变幻的螺线与螺面

除了斐波那契螺旋线，自然界中还存在大量变幻的螺线与螺面，先来看一些平面螺线：由斐波那契数列确定的黄金螺线其实是对数螺线的一种，对数螺线的方程是 $\rho = \alpha e^{\phi k}$，其中，$\alpha$，$k$ 为常数，$\phi$ 是极角，$\rho$ 是极径，$e$ 是自然对数的底，不同的 $\alpha$，$k$ 就有不同的对数螺线，当 $\alpha$，$k$ 取一定值时，对数螺线就是黄金螺线。由于 $\rho'(\phi) = \alpha k e^{\phi k}$，而对同一对数螺线，$\alpha$，$k$ 为常数，故对数螺线也叫作等角螺线。图 6-4-10 右图展示的是随着 $\alpha$，$k$ 的变化生成的不同对数螺线图，真是变幻无穷啊！

对数螺线是笛卡儿在 1638 年发现的，后来由德国数学家雅各布·伯努利重新研究之。雅各布·伯努利发现了对数螺线的许多特性，如对数螺线经过各种适当的变换之后仍是对数螺线，他十分惊叹和欣赏这曲线的特性，故要求死后将之刻在自己的墓碑上，并附词"纵使改变，依然故我"，但是历史却给雅各布·伯努利开了个不小的玩笑，因为雕刻师误将阿基米德螺线刻了上去……那么阿基米德螺线又是怎么样的曲线呢？

阿基米德螺线也叫作等速螺线，得名于公元前 3 世纪希腊数学家阿基米德，它是一个点匀速离开一个固定点的同时又以固定的角速度绕该固定点转动而产生的轨迹，其方程非常简单：$\rho = au$，其中 $a$ 为常数，当 $a < 0$ 时，就是图 6-4-10 中左图的左旋（顺时针）阿基米德

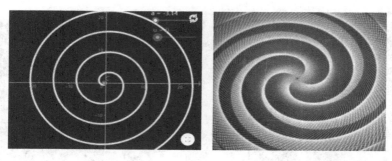

图　6-4-10

螺线，由于阿基米德螺线的等速性应用广泛，20 世纪七八十年代刻录音乐的唱片，还有 20 世纪 90 年代的电脑光盘的刻槽都是阿基米德螺线，如图 6-4-11 所示，不懂数学或粗心的人们可能会认为这是同心圆！如图 6-4-12 所示，方程中 $\rho = au$，当 $a > 0$ 时，就是右旋（逆时针）阿基米德螺线，另由匀速盘蚊香机生产的盘状蚊香也是阿基米德螺线的形状，如图 6-4-13 所示，左图是右旋（逆时针）螺线的蚊香，右图则是左旋（顺时针）螺线的蚊香盘.

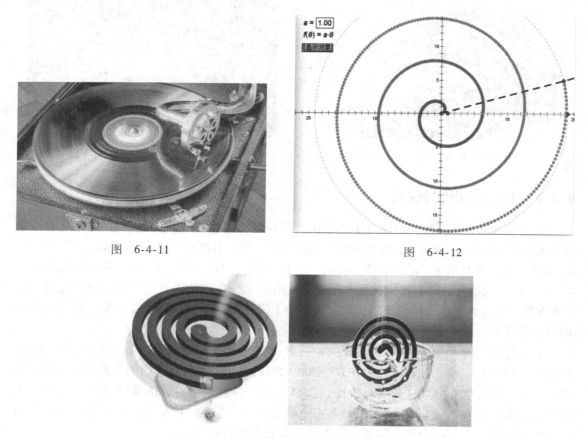

图　6-4-11　　　　　　　　　　　　　　　　图　6-4-12

图　6-4-13

与阿基米德螺线的形状相似但却是不同的螺线就是圆的渐开线，如图 6-4-14 所示，将绕在圆周上的线拉直展开，展开时线始终与圆相切，则线头运动的轨迹就是圆的渐开螺线，

简称渐开线. 渐开线在机械设备中发挥着重要的作用，经常
用作齿轮的轮廓线. 渐开线也有左旋与右旋之分，图 6-4-14
就是左旋（顺时针）渐开线，在自然界中，鹦鹉和老鹰的喙
的外缘曲线就是一条完美的渐开线，如图 6-4-15 所示，其
中左图的鹦鹉的喙是左旋渐开线，还有右旋（逆时针）渐开
线，右图老鹰的喙就是右旋渐开线，还有一些植物叶尖的轮
廓线也是渐开线.

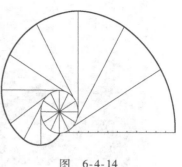

图　6-4-14

　　下面我们来介绍变幻的螺线与螺面的空间螺线，首先是
圆柱螺线，如图 6-4-16 所示，一动点沿圆柱面上的直母线
做匀速直线运动，同时该母线又绕圆柱面的轴线做匀速转

图　6-4-15

动，该动点复合运动的轨迹叫作圆柱螺旋线，简称圆柱螺线. 注意，圆柱面称为圆柱螺旋线的
导面. 若沿动点初始位置的直母线剪开，则圆柱面展开为平面，而圆柱螺线则展开为几条平行
直线. 一个螺纹展开为一条直线段，因此它是圆柱面上连接不在母线上的两点间的最短距离.

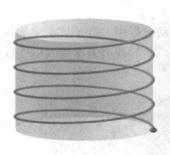

图　6-4-16

　　将矩形平面进行扭转的拓扑变换，矩形的边界就旋转而成了圆柱螺线. 圆柱螺线在工业
上有着重要的应用，这在之前的章节中已有阐述不再重复，此处给出一图，一支嫩芽正在缓
缓地沿着圆柱面的竹子向上攀爬，其形成的曲线就是圆柱螺线，它就存在于大自然的生命
中，只要大家用心去观察自然，就会有很多的发现与收获呢！

　　同圆柱螺线一样，若以圆锥面为导面时，动点复合运动形成的轨迹就是圆锥螺线，圆柱
螺线为平顶螺钉的螺纹，圆锥螺线则为锥形钻头的螺纹，如图 6-4-17 所示.

　　真正被称之为大自然生命螺线的是 DNA 双螺旋线，由脱氧核糖和磷酸基通过酯键交替

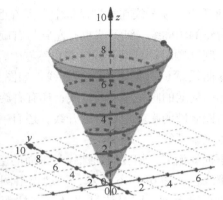

图 6-4-17

连接而成. 主链有两条, 它们似 "麻花状" 绕一共同轴心以右手方向盘旋, 相互平行而走向相反形成的双螺旋结构型. 图 6-4-18 所示较为形象地展示了 DNA 双螺旋线的盘旋状态. 在自然界中, 还有许多螺线, 在这里不一一阐述, 有兴趣的读者可以去查看阿基米德《论螺线》一书, 总之数学界是如此地热爱螺线, 以至于衡量一个数学家是否足够厉害的简单的方法就是看是否存在以他命名的螺线. 螺线背后精准优雅的规律, 无疑让一代又一代的数学人为之痴迷.

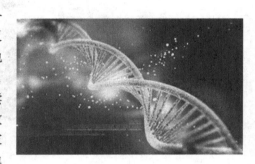

图 6-4-18

自然界中, 各种螺线都是以实物形态存在, 螺线是一种数学抽象. 在自然界中, 还存在着与这些螺线紧密相关的曲面即螺面.

一是海螺面: 以螺旋线为曲导线, 母线圆在运动过程中, 直径按一定规律变化而圆平面始终垂直相切于曲导线所生成的曲面称为变线曲面. 曲导线为黄金螺线的变线曲面就是之前我们介绍过的海螺面. 如图 6-4-19 左图所示.

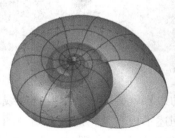
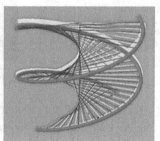

图 6-4-19

二是螺旋面, 以螺旋线和它的轴线为导线, 直母线沿两条导线滑动并始终与轴线交成定角时, 母线运动所形成的曲面称为螺旋面. 当母线与轴线交成的定角为直角时形成正螺面, 如图 6-4-19 右图所示, 正螺面是直纹面.

### 6.4.3　奇幻的肥皂泡与极小曲面

说到肥皂泡，大家小时候肯定玩过，泡泡是由于水的表面张力而形成的，如图 6-4-20 所示。这种张力是物体受到拉力作用时，存在于其内部而垂直于两相邻肥皂泡部分接触面上的相互牵引力。肥皂膜本身是无色的，但当阳光穿过肥皂膜的正面，经折射后遇到背面立刻反射回来；反射回来的光线回到正面，又会引起一定的反射与折射⋯⋯肥皂泡就是这样将阳光分解成了七色光，呈现出奇幻的色彩斑斓的各种曲面。肥皂泡曲面形形色色，但这些曲面都有一个共同的特点，那就是极小曲面！极小曲面是平均曲率为 0 的曲面，是满足某些约束条件（即有边界，铁丝网就是边界）的面积最小的曲面，很多建筑如图 6-4-21 所示的位于北京奥运会馆的水立方就是利用这个原理，肥皂泡还与魔幻的分形有关，图 6-4-20 左图所示的就是五分之七维度的肥皂泡照片，介于一维与三维间的分数维空间，是不是很奇幻呢？

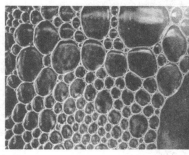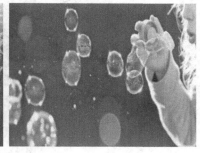

图　6-4-20

第二部分讲到了螺旋面，是以螺旋线为曲导线时直母线生成的曲面，也可以简单地定义为螺旋面是直母线做螺旋运动时形成的轨迹，直母线上每一点的轨迹都是螺旋线，螺旋线的不同就有不同的螺旋面。常见的有正螺旋面、斜螺旋面和渐开螺旋面等。正螺旋面是以圆柱螺旋线及轴线为导线，直母线沿此两导线滑动时始终垂直于轴线运动所得的轨迹，简称正螺面。在建筑上，很多楼梯的设计就用了正螺旋面，稳稳地盘旋而上，既美观又实用还容易建造，如图 6-4-22 所示。

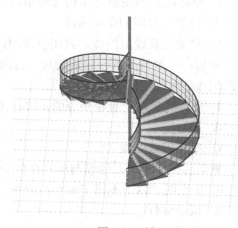

图　6-4-21　　　　　　　　　　　　　　　　　　　图　6-4-22

　　当直母线与轴线不垂直而成一定倾角时做螺旋运动时的轨迹就是斜螺旋面. 当直母线做螺旋运动的同时，与导圆柱面上的螺旋线相切形成的曲面叫作渐开螺旋面，其两个基本性质为：①它与正截面相交所得交线为圆柱面上的圆的渐开线；②渐开线螺旋面的直母线上任一点的运动轨迹为与曲导线具有相同导程的圆柱螺旋线. 直纹极小曲面是正螺面.

　　第三种极小曲面叫作悬链面. 悬挂在水平线上两点的绳子，在均匀引力作用下自然下垂形成的曲线叫作悬链线，悬链线有一条平行于两端点连线的准线. 如图 6-4-23 所示，以准线为旋转轴，悬链线旋转所生成的曲面叫作悬链面. 旋转极小曲面是悬链面.

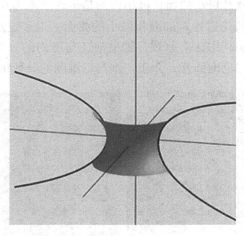

图　6-4-23

　　本节，我们欣赏了自然界中神奇的斐波那契螺旋线，认识了一些变幻多彩的螺线与螺面，知道了奇幻的肥皂泡与一些极小曲面，大自然与数学的奥妙还有很多很多，这都有待于大家不断地去探索噢！

# 习　题　六

1. 单选题：两曲面立体相交的相贯线（　　）.

A. 可能为封闭的空间曲线　　　　　　　B. 可能是平面曲线

C. 可能是直线段围成的封闭空间图形　　D. 以上都对

解析：一般情况下，相贯线是一封闭的空间曲线，特殊情况下可为平面曲线，或者是直线段围成的封闭空间图形.

2. 单选题：两个直径相等的正圆柱体垂直相交形成的相贯线是（　　）.

A. 圆　　　　　　　　　　　　　　　　B. 椭圆

C. 牟合方盖曲线　　　　　　　　　　　D. 维维安尼曲线

解析：圆、椭圆是平面与圆柱面的交线，而维维安尼曲线是球面与圆柱面的相贯线.

3. 单选题：以下不属于螺旋面应用的是（　　）.

A. 机械蜗杆　　　　　　　　　　　　　B. 方牙螺纹

C. 海螺面　　　　　　　　　　　　　　D. 长螺旋打桩机

解析：海螺面是变线曲面.

4. 单选题：下列青瓷产品中不含有旋转曲面的是（　　）.

A. 玉壶春瓶　　　　　　　　　　B. 梅瓶

C. 寿司托盘　　　　　　　　　　D. 葫芦瓶

解析：青瓷产品中各类瓶往往含有旋转曲面，而寿司托盘的主体结构一般为柱面而非旋转曲面.

5. 单选题：极小曲面在自然界中大量存在，下列不属于极小曲面的是（　　）.

A. 平面　　　　　　　　　　　　B. 球面

C. 正螺面　　　　　　　　　　　D. 悬链面

解析：平面是可展极小曲面，正螺面是极小直纹面，悬链面是旋转极小曲面.

6. 判断题：如果沿着纸带中间把莫比乌斯带剪成两半，将得到两条相连的莫比乌斯带.

解析：如果你沿着纸带中间把莫比乌斯带剪成两半，它将是一条更大的莫比乌斯带.

7. 判断题：青瓷的造型千姿百态，风格迥异，属于艺术品，是无法进行数学理性分析的.

解析：青瓷的造型集科学与艺术于一体，虽然无法用数学公式逐一进行精确描述，但也能找到一些普遍的规律，揭示艺术美与数学美的和谐统一.

8. 判断题：根据斐波那契数列，可以画出斐波那契螺旋线，也称为黄金螺线，是与黄金分割比有关.

解析：斐波那契数列完全是自然数的数列，当 $n$ 趋向于无穷大时，前一项与后一项的比值越来越逼近黄金分割比 0.618，日常生活中的松果、凤梨、向日葵等的排列也都符合这一规律.

# 附　录

## 附录 A　趣味空间几何学课程实践活动

二维码 7.1
附录-课程实践活动

通过这门课程的学习，相信大家感悟多多收获多多，肯定也想有一个平台能展示自己的学习成果. 纸上得来终觉浅，绝知此事要躬行. 那么，请大家积极参与到趣味空间几何学的课程实践活动来吧！课程实践活动暨结课形式将给大家介绍一些已有研究成果，丽水学院外景镜头和一些校内实验室镜头，给大家抛砖引玉，让你们去充分展示自己的才华，去完成高质量的作品！

### A.1　已有研究成果

本课程团队关于空间几何学的研究已有很多的成果，首先是发表了 20 余篇相关论文. 如《中国陶瓷》发表《从"玉壶春"看科学数据与艺术设计》，如《浙江师范大学学报》发表《平面闭曲线上扁形椭圆环面的全平均曲率》《Viviani 曲线上管状曲面的全平均曲率》，如《纯粹数学与应用数学》发表《局部对称流形中具有常平均曲率的完备超曲面》，如《杭州师范大学学

附录图 1

报》发表《局部对称空间中具有常数量曲率的紧致超曲面》，《丽水学院学报》发表《基于多项式曲线拟合的龙泉青瓷作品性态分析》等. 附录图 1 是课程负责人洪涛清老师参加中国龙泉青瓷国际交流会上与大师作品的合影.

其次在课程建设方面："空间解析几何"课程获"2019 年浙江省'互联网＋教学'示范课堂"称号，同时被认定为"校级在线精品课程"及"2020 年浙江省线上线下混合式一流课程". 选取空间解析几何核心内容打造的趣味空间几何学微课程设计获"2020 年浙江省教育技术成果奖"和"2021 年长三角师范院校教师智慧教学大赛二等奖"，课程思政论文获"2021 年浙江省教师征文一等奖".

最后在数学应用方面：课题"数学几何模型与工程设计一体化教学模式的构建"获校教改项目，主要是机械建筑工程中几何模型的案例教学研究；课题"数学元素与龙泉青瓷协同创新研究"获浙江省龙泉青瓷协同创新中心项目并顺利结题，主要研究如何运用空间几何学中曲线论与曲面论知识解决龙泉青瓷器具中的造型问题，如附录图 2 所示. 另外，龙

泉青瓷《温馨的早餐》的文化理念获软著 1 项,《工艺品（温馨的早餐）》获外观专利 1 项,
如附录图 3 所示.

附录图 2

附录图 3

## A.2　丽水学院外景镜头

### 1. 丽水动车站

丽水动车站坐落于丽水市莲都区,如附录图 4 所示,该动车站于 2016 年 2 月 7 日开工
建设,于 2017 年 1 月 10 日正式投入使用,整体造型如同一朵盛开的白莲,屋面层层起拱,
轻盈流畅,体现出山的巍峨,水的灵动,整体色调为白色,站房总面积 27600 多平方米,综
合主体地上三层,局部四层,最高点高度 36.7m,车站规模为中型铁路客运站,高峰每小时
发送量为 1500 人,这样的一个大型建筑,它蕴含着哪些几何曲面元素?有哪些建筑数学原
理,大家不妨用心去找一找!

### 2. 丽水市体育馆

一个城市的体育馆往往是一个城市体育文化乃至经济水平的综合体现. 丽水市体育馆如
附录图 5 所示,位于丽水市行政中心东侧的体育中心的东南角,是行政中心核心区块的重要
组成部分. 丽水市体育馆也叫作莲花馆,其造型酷似一朵绽放的莲花,中间一个莲蓬,外围

附录图 4

36 片花瓣，正与丽水的别称莲城、莲都相应．炫酷的外形，加上独有的设计内涵，这必将成为丽水又一标志性建筑！体育馆总建筑面积 21300 多平方米，馆内设 70m×40m 场地、5689 座观众席位的主馆和 38m×27m 训练场地的训练馆．这么美的建筑你可以去上看下看，左看右看，里外兼看，看看有哪些几何元素，又蕴含哪些数学美呢？

附录图 5

### 3. 丽水学院建筑

附录图 6 所示为丽水学院南大门，就是一个大型的组合曲面，两大直棱柱支撑着大跨度弯曲的双曲柱面，双曲柱面正中镂空处，有"丽水学院"四个大字的校名．

附录图 6

附录图 7 所示为丽水学院图书馆，属丽水学院标志性建筑，共有九层，是莘莘学子待的最多的地方，也是毕业生留影必选之地．类似锥面的玻璃墙作为图书馆的正面，高端大气，同时还具有左右对称美，学生们在此拍照留念创作出了爱心线的完美造型！

附录图 7

附录图 8 所示为丽水学院牡丹亭，标准的中国古代木质建筑戏台，这里双曲抛物面造型的飞檐翘角也十分显眼，我们可以去仔细观察其直纹特点及其直母线的情况．

附录图 8

#### 4. 丽水学院操场

附录图 9 所示为丽水学院西区操场，主看台的屋顶是以优美的曲线弧为准线的大跨度柱面，左右两边则是对称的一些组合曲面，顶部是有避雷针的旋转抛物面；看台对面是风雨篮球场，篮球场屋顶的曲面十分简洁，其实是多种曲面的组合，大家可以用心去观察．

最后是紧临东区操场的体育馆，附录图 10 所示则为体育馆朝东正面照片，南北区域分界处设在体育馆总长的黄金分割点处，北侧体育馆内设有 50m 标准泳池，比赛场地一片，可举办手球、篮球、排球、乒乓球等比赛项目．南侧训练馆两层，一层配置健身房、乒乓球室、形体房、跆拳道室；二层可进行篮球、排球、羽毛球等训练活动．再看附录图 11，体育馆南面即侧面入口处透视图，螺旋线一圈一圈错落有致地盘旋在横卧着的柱面主体结构上，简直妙不可言！在今后的日子里，可以用数学美的眼光去看待这个世界，欣赏这个世界，并依靠自己的努力与聪明才智去创造一个更美好的世界！

附录图 9

附录图 10

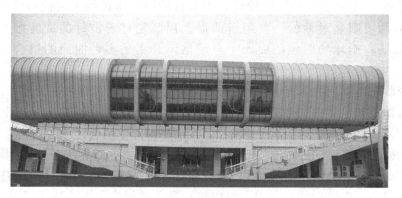

附录图 11

## A.3 丽水学院工科实验室

### 1. 数字媒体仿真实验室

该实验室可通过电脑仿真技术将几何模型投影到光影三维空间，与现实看到的物理模型几乎无异！附录图 12 所示就是陶瓷瓶的仿真效果，附录图 13 所示就是传说中可爱的龙王六子赑屃（bì xì）的光影，若现场看，非常逼真.

附录图 12

附录图 13

### 2. 机械 3D 打印实验室

丽水学院的 3D 打印实验室是浙江省重点实验室. 附录图 14 就是实验室中一台 3D 打印机，左侧的花篮就是此台打印的产品，还可以打印其他若干几何模型.

附录图 14

## A.4　其他

### 1. GeoGebra 作图

"趣味空间几何学"课程中用了很多原创的动图,这些动图是用一款叫作 GeoGebra 的作图软件制作的,如附录图 15 所示,请大家扫描二维码进行软件学习.

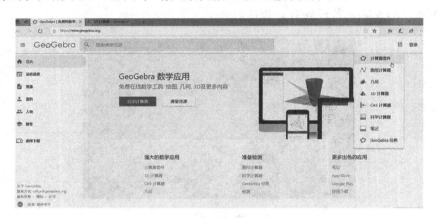

附录图 15

### 2. 青瓷工作坊

青瓷工作坊设在中国青瓷学院,是大学生校内创新实践基地的陶艺设计工场,占地面积约为 $300\mathrm{m}^2$ ,如附录图 16 所示.附录图 17 所示为中国美术学院毕业的青年教师季雨林硕士在传授学生拉坯技术,这是旋转曲面类青瓷作品造型最重要的一环,这在第 3 章已有阐述.

附录图 16

附录图 17

### 3. 平面作图设计

学习了趣味空间几何学中的几何模型后,我们还可以将一些曲线或曲面的模型融入绘画当中,设计有趣而有灵魂的美术作品.学生的实践作品中就已经涌现出很多佳作,大家可以在相关课程中观看.下面介绍两例.

例如,附录图 18 所示的《鼠年吉祥图》,是学生在学习了空间解析几何课程后,将学到的一些曲面融入绘画当中设计的美术作品.你们看,椭圆抛物面的耳朵,单叶双曲面的双腿,圆环底座圆柱面杆支撑着球面的话筒,打开一本有双曲抛物面、圆锥面的天书,脖子上还挂一单叶双曲面的腰鼓，边敲边唱……一只活泼俏皮的小老鼠跃然纸上．

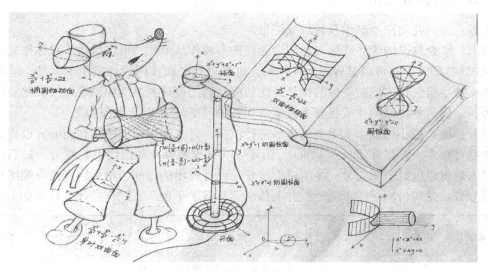

附录图 18

又如，附录图 19 所示是《骏马奔腾图》，马背上的双曲抛物面即马鞍面，椭圆抛物面形的马嘴套，马耳与马蹄设计成双叶双曲面……哈哈，好一匹骏马，非常形象！

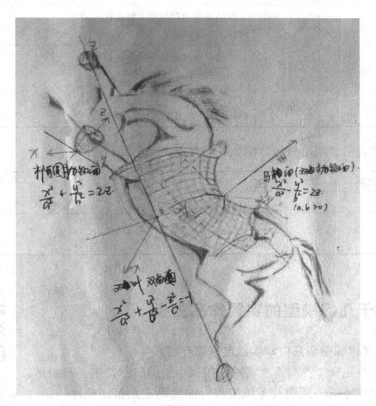

附录图 19

## A.5　课程大作业要求

主题：空间几何模型制作及其成果汇报.

要求：结合自己的优势或感兴趣的主题任选一种作品形式，可以是数字媒体作品，可以是机械3D打印产品，可以是青瓷泥坯作品，也可以是平面作图设计或手工制品；同时鼓励创新并支持小组合作完成高质量的作品，比如废品利用设计大型的建筑模型或其他实体几何模型等；一周内将作品图片或视频上传至本课程的网络教学平台考试区域.

评分标准：按小组或个人上交的作品进行汇报，每人汇报时间控制在10min以内，若是集体作品可以多人汇报并延长至15min，由评委（任课教师＋各组组长）打分，最后取平均分乘以人数得组内成员的总分，小组讨论按作品设计付出的时间与精力协商给分到组员，分配到的分数就是每位同学的考试分数并上传至课程教学平台. 实践作品评分标准如下：

| 组别及作品名称 | 考量内容 | 评价标准 | 等级 | | | | 总分 |
| --- | --- | --- | --- | --- | --- | --- | --- |
| | | | 20 | 18 | 15 | 12 | |
| 组别：＿＿＿＿<br>组长：＿＿＿＿<br>作品名称：＿＿＿＿<br>描述： | 科学性 S | 取材适宜，内容科学、正确、规范、符合要求 | | | | | |
| | 数学性 M | 选取本课程的几何模型进行合理设计，体现数学原理与数学美 | | | | | |
| | 技术性 T | 作品的制作和使用上包含有一定的技术性与创新性 | | | | | |
| | 艺术性 A | 作品设计具有较高的艺术性，整体风格相对统一，有美感 | | | | | |
| | 应用性 E | 作品有一定的工程应用意义，可以转化为生产力或具有观赏价值 | | | | | 评分者＿＿＿<br>年　月　日 |

作品上传平台后，组员分数分配如下：

| 组员姓名 | 分数 | 签字 |
| --- | --- | --- |
| | | |
| | | |
| 组别： | 总分： | 组长： |

班级：＿＿＿＿班

# 附录 B　基于几何模型的实践作品赏析

**洪涛清等：《趣味空间几何学实践汇报课介绍》**

内容介绍：首先介绍参与本次实践汇报课小组的名称及组长与组员，接着公布本次实践考试的试题及考试流程：抽签确定汇报组顺序、做线上实践测试题、汇报答辩上传作品照片或视频、评委打分、给分到组员

二维码 7.2
附录-基于几何模型
的实践作品赏析

等几个环节. 最后介绍本次考试的评分标准, 每组汇报时间控制在 10min 内, 汇报后接受评委老师的提问, 组员参与答辩. 给出评分表, 科学性、数学性、技术性、艺术性、应用性等五个方面各 20 分, 满分共 100 分. 评委按照评分表打分, 最后取平均分乘以人数得组员总分, 小组协商讨论, 按照作品设计与汇报付出的时间与精力给分到各组员, 每位同学分配到的分数就是该生考试的分数. 最后任课教师将成绩上传至课程考试平台, 完成考试.

**1. 学生作品:《鼠年吉祥图》**

指导师: 洪涛清

作品介绍:《鼠年吉祥图》是学生独立设计并完成的一件美术作品. 以 2020 年鼠年的吉祥生肖为主题, 设计的小老鼠有着椭圆抛物面的耳朵、单叶双曲面的双腿. 地上放置着圆柱面与抛物柱面相贯的组合曲面道具, 还有圆环底座圆柱面杆支撑着的球面话筒, 打开一本有着双曲抛物面、圆锥面的天书, 脖子上还挂一单叶双曲面的腰鼓, 边敲边唱……一只活泼俏皮的小老鼠跃然纸上. 此作品很好地体现了学生热爱数学、热爱生活的良好精神面貌.

**2. 学生作品:《哆啦 A 梦的几何道具》**

指导师: 洪涛清

作品介绍:《哆啦 A 梦的几何道具》是学生团队协作设计完成的一件美术作品. 大家来自不同专业, 每人都想融入自己的观点, 讨论很激烈, 最后统一用哆啦 A 梦作为画作人物. 首先, 哆啦 A 梦本身非常可爱, 大家又非常熟悉, 有亲切感. 其次, 哆啦 A 梦包含非常多的几何形状, 他的口袋可以装许多几何道具, 此主题可将学到的几何曲面都画出来. 一是哆啦 A 梦爱吃的铜锣烧, 就是一个椭球面; 二是救生圈, 就是一个圆环面, 有些人物不太会游泳, 就会用到救生圈; 三是圆锥面的沙漏与路障, 大家学习旋转曲面时对沙漏的主体结构是圆锥面印象深刻, 路障也有大家都非常熟悉的圆锥面; 四是哆啦 A 梦背后的梯子, 若从梯子路口依次看, 前面部分是单叶双曲面, 后面部分是一个椭球面; 五是哆啦 A 梦中大雄的魔镜, 学生创造性地将魔镜的外轮廓线设计成了笛卡儿的爱心线形状, 这是一个几何曲面的童话世界.

**3. 学生作品:《3D 打印爱心曲面》**

指导师: 洪涛清

作品介绍:《3D 打印爱心曲面》是笛卡儿组利用 3D 建模技术, 将爱心曲线旋转生成爱心曲面, 并在曲面凹处加上一圆沿着光滑曲线平移得到异形曲面的柄, 最后用树脂 3D 打印出来的一件曲面模型. 上课时, 大家对爱心曲线旋转之后会是什么样子感到好奇, 然后就实操做了一下. 一开始画爱心曲线原型时, 花了三四个小时没有完成, 后来发现软件里有爱心曲线的参数方程, 就是 $x = a(2\cos t - \cos 2t), y = a(2\sin t - \sin 2t)$, 利用方程画出了 $t \in [0, \pi]$ 的曲线图, 再对称画出另一半, 最后让曲线绕对称轴旋转就生成了爱心曲面. 旋转出来之后, 开始看上去就感觉它真的很像一个苹果, 如果另一边也是凹进去的就是苹果了. 于是, 就想到能不能把它直接做成一个苹果, 为了让它更像苹果, 大家构造了一条曲线, 让一个圆沿着光滑曲线平移就得到了弯曲的果柄, 让其附着在曲面凹处, 那么这个类似于苹果的爱心曲面模型就出来了! 最后, 利用 3D 打印技术完成了实物作品.

**4. 学生作品:《鹦鹉螺里的小世界》**

指导师: 洪涛清

作品介绍:《鹦鹉螺里的小世界》是利用青瓷工作坊制作的一件泥坯作品, 其主体结构是海螺面. 鹦鹉螺来自海底, 它里面由一个个小腔室组成, 这些小腔室从里到外, 由小变大形成一个等角螺线的形状, 它的外壳光滑呈圆彩状, 看起来特别像鹦鹉的嘴巴, 所以叫作鹦鹉螺. 从仿真学上看, 它们相似, 在科技上也有着重要应用, 美国有艘核潜艇就叫作鹦鹉螺号, 上升下降的控制就是鹦鹉螺号里面的空腔. 等角螺线是以斐波那契数列中的数为边长的正方形构成的四分之一圆周生成的曲线. 在鹦鹉螺的大空腔里, 放置了许多几何曲面, 如左边的爱心曲面, 右边的莫比乌斯环, 还有石桌是切掉两边剩下的旋转椭球面, 还有马鞍面形的石凳……这些曲面组成的几何体都是大家用陶土做成的几何模型, 构成了鹦鹉螺里的小世界.

**5. 学生作品:《直纹螺旋曲面》**

指导师: 李娜

作品介绍:《直纹螺旋曲面》是利用吸管、纸筒、胶水制作的大型建筑模型组件. 灵感来源于课堂上学习的双螺旋结构的梵蒂冈博物馆楼梯和双螺旋 DNA 链的例子. 作品把梵蒂冈博物馆楼梯照片及动图中的双螺旋结构用一种简约而精致的设计体现出来, 其选材来源于生活中常见的吸管和纸筒, 学生团队分工合作, 经过反复实践找到了稳固和黏合材料的最佳方式. 将圆柱形纸筒作为轴线支架, 圆柱面上的两条间距相等的圆柱螺线作为导线, 直母线吸管沿着导线滑动. 吸管螺旋上升的同时始终垂直于纸筒所在的轴线, 吸管的运动轨迹即直纹螺旋曲面在学生们的手中得到完美呈现. 在实践中, 学生不仅体验到了正螺旋面的形成过程, 还真正理解了两组吸管形成的楼梯面, 是梵蒂冈博物馆的双螺旋楼梯所实现的上楼的人和下楼的人不会相遇的原理.

**6. 学生作品:《广州之塔 (GuangZhou Tower)》**

指导师: 洪涛清

作品介绍:《广州之塔》是学生利用 2 块硬纸板、1 支铅笔, 若干橡皮筋制作而成的一个塔状手工制品. 其创意来自一件玩具, 可以发现一条直线绕固定的圆旋转移动就能生成若干曲面, 特别神奇! 直线在不同的位置用橡皮筋来体现, 上下两头需固定一下, 所以设计的时候就用上两个圆形硬纸板, 为了使下边的那个厚实一些就多加了一片纸板, 连接处都用热熔胶粘起来. 橡皮筋是软的不易固定, 故在上下两圆面的圆心上连接一支铅笔作为中轴固定. 当旋转上下两圆纸板时, 中轴不动. 橡皮由于弹性随着旋转运动可以伸缩, 于是形成了不同的曲面、包括圆柱面、单叶旋转双曲面、圆锥面等. 处在单叶旋转双曲面状态时, 其形状特别像广州电视塔, 故取名为广州之塔. 由于橡皮筋易断不易久存, 在演示过程中就出现了断线, 所以作品不太美观, 以后设计时还需改进.

**7. 学生作品:《马鞍面 (Saddle Surface)》**

指导师: 洪涛清

作品介绍: 马鞍面即双曲抛物面, 是学生利用 6 条铁丝作为模型支架, 用若干绿色布条作为两族直母线制作而成的一件手工制品. 将 2 条具有公共顶点与对称轴但开口方向正好相反的铁丝抛物线固定在相互垂直的平面上作为主抛物线, 再在主抛物线的 4 个端点处连上 2 条共 4 支铁丝双曲线即平截线. 2 条各 2 支的双曲线所在平面互相平行, 将其分别固定在上下两个平行纸板上, 它们的实轴与虚轴所在方向正好相反, 然后将布条拉直作为直母线绕在铁丝支架上. 布条的放置依据双曲抛物面直母线的特点, 即异族直母线必相交于同一主抛物线，同族的任意两直母线总是异面直线，全体同族直母线平行于同一平面．放置好布条后，直纹的马鞍面即制作完成．

**8. 学生作品：《燃烧的火焰》**

指导师：洪涛清

作品介绍：《燃烧的火焰》是一个立体设计的奖杯，以单叶双曲面为基础底座，以莫比乌斯环为顶部火焰主体结构．底座作品以小木棍、小铝条、橡皮筋为环保型原材料制作，两族小木棍经橡皮筋固定构造成直纹的单叶双曲面，是给熊熊燃烧的火焰供能的"薪"，顶部则是一团稳固在柴底上的烈焰．学生以柴火堆积的单叶双曲面底座象征伟大的祖国，表面的纹路体现中华民族以及我们党所经历的磨难、困境．虽然一路曲曲折折，但终见曙光．火焰外周，采用 DNA 双螺旋结构设计．DNA 双螺旋结构是由两条链，按反向平行的方式盘旋形成．火焰的主体是莫比乌斯环结构．莫比乌斯环是一种拓扑学结构，它只有一个面和一个边界，是用一条纸带扭转 180° 后，两头粘接起来得到．莫比乌斯环看似简单，但却很神奇．莫比乌斯环在爱情上有着浪漫的含义，环的两面本是两独立事物，莫比乌斯环是融合的象征，代表两个世界相融，完美诠释爱情的意义，两个有情人冥冥之中越走越近、相遇、携手前行．另外，莫比乌斯环常被认为是数学极限无穷大符号"∞"的创意来源．此作品的完成要有较强的动手操作能力，又能将"课程思政"收获的价值观如向下扎根向上生长融入作品中，使作品在内涵上得到升华，成为一件文化艺术品．

**9. 学生作品：《小海豚的诞生》**

指导师：李娜

作品介绍：《小海豚的诞生》是一个由学生自主构思实现的 3D 打印作品．制作初期，小组成员进行了合理分工：制作创意讨论、制作过程思路、建模、作品介绍总结和汇报．通过分析和研究海豚的外形，讨论出海豚建模需要的多种组合曲面和如何合理衔接过渡，最终用 Solidworks 建模小海豚的 3D 模型，将小海豚的鳍、身体和鱼尾三个部分进行曲面拟合并进行无缝对接．建好模型后，学生选择蓝色调的树脂进行了 3D 打印．学生们在实践过程中学习各种曲面的组合，在汇报中将建模思路用剖视图的方式呈现，课堂中学习的知识在实践中得到了很好的体现．

**10. 学生作品：《微生物里的空间几何》**

指导师：卢晓忠

作品介绍：《微生物里的空间几何》是一系列几何模型的集合，作品首先选取了一种球形病毒，利用超轻黏土制作了实体模型，病毒表面的若干小凸起又是另一种旋转曲面．而椭球体形状的白细胞，则是人体的忠实卫士，时刻吞噬着各种形状的病毒，包括上面的球状病毒．在椭球体的基础上，中间有点下凹，异形曲面造型的红细胞，则时刻为人体输送氧气．作品很好地体现了球面和椭球面的对称美，有界性和高效性，阐述了生物进化中"优胜劣汰"的准则．最后用白纸扭折而成的 DNA 双螺旋模型作为结尾，解释了双层旋转折叠结构节约了空间的同时又能自由伸展，及时将生物体的遗传密码传递给对方．

**11. 学生作品：《年夜饭中的趣味几何》**

指导师：洪涛清

作品介绍：《年夜饭中的趣味几何》是一幅素描美术作品．本作品选取年夜饭这一生活中最常见最温馨的场景为主题，展现生活中的各种几何曲面之美．第一部分讲述柱面和锥面，代表的物品是酒瓶、锥形分酒器、咖啡杯．第二部分讲述旋转曲面的应用，代表的物品是花瓶、甜甜圈、酒杯等．旋转曲面虽然生成的几何结构简单，但若选取优美的曲线则可以生成简洁美的容器，如画中插着向日葵的玉壶春瓶就是旋转曲面，另画中的鼓、盘子、酒杯等都是一般旋转曲面．甜甜圈是小朋友们的最爱，是由一个圆或椭圆绕着其所在平面的一条直线旋转一周所得．第三部分讲述二次曲面的应用，代表的物品是双曲抛物面形的薯片．双曲抛物面也叫作马鞍面，薯片的整体形状似马鞍形，两种抛物线的神奇巧妙形成的平衡感，不仅能承受挤压，还能承受拉扯，使得这样薄脆的薯片能异常稳固在包装盒里．普通薯片易碎成两半，而马鞍面薯片却很难发现有碎两半的情况，其实这就是几何赋予的超能力．第四部分讲述组合曲面和异形曲面，冰淇淋就是圆锥面与圆锥螺线的完美结合，汉堡是由球面、圆环面和圆柱面拼合而成的，牛角包是由三个圆环面和两个旋转抛物面拼合而成的．异形曲面有美食田螺，其外形上的螺线是斐波那契螺旋线的典型代表．大家爱吃的零食葵花籽在向日葵的花盘中的排列构成了黄金螺线．此作品主题年夜饭，不仅很有中国特色，还展现了一桌丰盛的几何大餐．

**12. 学生作品：《拔地倚天爱心楼》**

指导师：洪涛清

作品介绍：《拔地倚天爱心楼》是一件建筑模型制品．作品分为三大主体结构，第一主体结构是螺旋楼梯．直纹的螺旋曲面，采用木质结构面板，一层一层不断盘曲向上叠加而成．登楼之后就是第二主体结构爱心屋．爱心屋是将笛卡儿的爱心线转化为爱心柱面，以爱心线为准线，用平行的竹子编织而成的直纹曲面．爱心屋里装饰的窗帘是紫色的，紫色代表浪漫、梦幻．窗的中间各有一颗爱心，有心心相印之意．大门装了白色的纱帘，如圣洁的婚纱，上面点缀了一些星星，当人们走近看时，星河尽收眼底．第三主体结构就是观光电梯，运用的是直四棱柱．爱心楼面向各个群体开放，不愿爬楼或行动不便的人们可通过电梯自由上下．电梯两边镂空是为了开阔人们的视野，随着电梯的升降，眼前的景色也会不断变化．

**13. 学生作品：《3D打印国际象棋（Knight）》**

指导师：李娜

作品介绍：《3D打印国际象棋（Knight）》是由超越海豚队自主构思实现精细设计的一件作品．通过3D打印技术，制造了国际象棋马的3D模型．建模由棋子马底座、马头、颈部以及马鬃四部分组成．国际象棋马底座造型形似欧式建筑的立柱，是将双曲线进行旋转得到的旋转曲面；马头是整个作品中最关键也是最复杂的部分，由多种曲面切割圆柱面而成，其中马头中的眼球是由球面构成的，而马眼凹进去的部分类似椭圆抛物面；颈部建模类似椭球面的曲面，有利于更好、更均匀地承载来自头部的重力；鬃毛可以近似地看成多个马鞍面叠加组成。本作品涵盖了多种曲面的应用，其中马头和颈部、颈部和底座的相贯线都近似于椭圆，整体具有对称性、艺术性、创造性，与青瓷作品有异曲同工之妙．由于其连接方式以及颈部形状的考量，使得整体呈现稳定的状态，即使有较大的头部也能稳固重心．与画图不同，3D打印的作品更加贴近实际，需要考虑各种面的组合．学生在实际操作后才能发现各种曲面的应用，发现其中的趣味，运用所学曲面发现问题、解决问题并实现创作．

**14. 学生作品：《奇妙的风铃》**

指导师：卢晓忠

作品介绍：《奇妙的风铃》从点线面三个维度体现了若干几何体模型. 从上而下，依次是圆环面造型的吊环，两个垂直相交放置的圆环消除了作品的单调感，旋转抛物面造型的小铃铛，再配上一个球形的小配饰，同时小铃铛在吊绳上又按螺旋线分布，给人一种循序渐进、渐得完美的感觉. 悬挂着小铃铛的吊绳，在圆环的衬托下，整体又构成了一个圆锥面. 铃铛为点，吊绳为线，圆环为面，辅之以轻快的铃音，整个作品给人以风动清凉、铃声叮咚的感觉. 炎炎夏日，奇妙的风铃能给大家带来轻快愉悦之感，消除些许暑气.

**15. 学生作品：《魔幻 3D 打印杯》**

指导师：洪涛清

作品介绍：《魔幻 3D 打印杯》是利用旋转抛物面、球面、锥面、柱面、异形曲面等几何模型设计成的一个茶杯，最后利用 3D 打印技术，制作而成. 首先，茶杯的主体是旋转抛物面，设计灵感来源于不管我们旋转任何形状的杯子时，都会发现水面会形成类似旋转抛物面的形状. 旋转抛物面可以由抛物线绕着它的对称轴旋转而成，把光源放在焦点上，经镜面反射后，会形成一束平行光. 反过来一束平行光照向镜面后，又会聚集在焦点上. 旋转抛物面的杯体顶点连接着一个球，球体既能较好地承受杯头的压力，增加杯子的实用性，还能以其自身的圆润对称，增加杯子的美观性，更是传承了国人喜爱的"圆"的特点，增加了杯子的民族性. 球面位于杯体中，更加圆满，浑然一体，宛若天成. 球体下面连接着修长的圆柱体柄，高脚的设计，让手不需要和杯肚接触以免把杯子弄脏. 同时，手拿圆柱体的柄十分方便与舒适. 杯子底座设计成圆锥面，它的纵切面是三角形，众所周知三角形是最牢固的形状，所以杯子即使倒满水也不会翻倒，既稳固又美观. 茶杯的杯口采用异形曲面设计，异形曲面可以打破传统茶杯的样式，创造出新的样式，视觉上营造出更新颖美观，更有现代的设计美感.

**16. 学生作品：《牟合如来战车》**

指导师：洪涛清

作品介绍：《牟合如来战车》是一件手工制品，以牟合方盖作为设计的主灵感，装载着大学生的初心与梦想去完成属于他们的一部战车. 霸气的底座透露着一点小可爱，打开牟合方盖，音乐响起，显现宝物，是一些可爱的卡通形象，一颗爱心和一些小纸条. 爱心代表着初心，而卡通形象代表着最初那个纯真的青年，小纸条上写满了他们对未来的期望和愿景，这辆战车将带着他们的初心一步一步、稳扎稳打地去实现心愿. 第一部分是宝盒的外形——牟合方盖，它是由底面半径相同的两个正圆柱体垂直相交（穿过对方），其公共部分构成牟合方盖曲面. 关于牟合方盖的历史，它是由我国古代数学家刘徽发现的一种想用于计算球体体积的几何体，但最终并没有实现充分说明数学研究的曲折. 第二部分是大学生的初心——心形线，心形线是一个圆上固定一点绕着与其相切且半径相同的另外一个圆周滚动一周所形成的轨迹. 心形线也叫作笛卡儿爱心线，相传这个名字来源于一个很唯美的爱情故事. 它有 4 个标准极坐标方程，分别是 $\rho = 2r(1 - \cos\theta)$，$\rho = 2r(1 + \cos\theta)$，$\rho = 2r(1 - \sin\theta)$，$\rho = 2r(1 + \sin\theta)$. 第三部分作为战车的四个轮子的圆环面，等半径的圆环面可以做到平稳的向前运动，寓意着大学生活也会和这辆战车一样，稳步前进. 第四部分是用了一个发声电路板，打开牟合方盖即打开音乐开关，欢快的音乐提醒人们回归初心，勿忘初心，并鼓励大家奋勇前进，融入了守正教育.

**17. 学生作品：《圆中缘》**

指导师：卢晓忠

作品介绍：《圆中缘》以街边小角的迷你公园为主题，集中展示了几种几何体造型的设施. 各种柱面构成了公园的休憩小屋，大小不一的椭球面构成了一个可爱的熊猫，旋转抛物面和圆柱面构成休息座椅，椭圆面和圆柱面构成漂亮的花朵，柱面构成的大象滑梯，异形曲面构成的旋转飞机，辅之以椭圆小窗，抛物柱面的驾驶舱，以及近似柱面的机翼成为公园中最吸引眼球的设施. 整个作品全都用超轻黏土制作，色彩丰富，造型可爱.

**18. 学生作品：《决不"椭"协》**

指导师：李娜

作品介绍：《决不"椭"协》是由二向箔降维组的多专业同学协同完成的一件3D打印作品. 学生通过学习椭球面的方程和性质，从椭球体不易滚动、等体积时比球体的面积大等性质得到灵感，设计了三个作品，并深入调研了椭球面在体育竞技、航空、生物、国防军事、建筑和天文学的应用. 第一个作品——橄榄球：学生使用轻黏土做成成品，并引发思考：为什么橄榄球是椭球状而不是球状？学生们得出：橄榄球不鼓励球在地上滚动；单手持球的牢靠易于控制；传球速度准确稳定等特点. 作品二——3D打印空中飞艇：学生们通过 Solidworks 建模，打印了自行设计的一款空中飞艇，主要由椭球面等曲面构成. 作品三——构建激光武器的数学模型：激光武器是椭球面在国防军事中的运用，学生通过 GeoGebra 绘图，将其数学原理清晰地展示出来，并通过介绍国家大剧院和格雷戈里望远镜展示了椭球面在建筑和天文学的运用. 通过小组合作，锻炼了学生小组分工合作和动手能力. 空间几何广泛应用于国防、航空、科技创新等中国国力提高的领域，激起了学生的爱国情怀，努力学习科学技术，科技兴国、科技强国.

**19. 学生作品：《谢顿未来魔术秀》**

指导师：洪涛清

作品介绍：《谢顿未来魔术秀》是应用柱面、锥面、单叶旋转双曲面、球面等制作有趣的数学几何模型后进行表演的三个数学魔术. 魔术表演所需要的道具中，包括钢丝、圆纸板、红绳、磁力贴等. 需要自己动手制作的实物是两个"圆柱体"，利用钢丝作为直母线，将钢丝垂直固定在两个圆纸板上. 一个通过扭转，使圆柱面的侧面转变为单叶双曲面后再转变为圆锥面；另一个将顶端的圆收缩为一点，使圆柱面变成圆锥面. 第三个魔术是利用 8 个三角形，19 个正方形的磁力贴，按规律拼凑成组合图形后，拎起中心正方形的磁力贴，其他磁力贴将生成封闭的球体的一个变换过程.《谢顿未来魔术秀》体现了数学中的变换思想，在锻炼实际动手能力的同时，充分感受到几何的变换之美. 在制作过程中，小组成员从迷茫困惑，再通过合力解决困难问题，最后走向成功. 大家体验到了成功的喜悦与不怕困难、勇攀高峰、坚持奋斗的精神.

# 参 考 文 献

[1] 苏步青，华宣祝，忻元龙. 实用微分几何引论 [M]. 北京：科学出版社，2010.

[2] 吕林根，许子道. 解析几何 [M]. 4 版. 北京：高等教育出版社，2006.

[3] 黄宣国. 空间解析几何讲义 [M]. 上海：复旦大学出版社，2004.

[4] 斯金纳. 神圣几何学 [M]. 王祖哲，译. 长沙：湖南科学技术出版社，2010.

[5] 别莱利曼. 趣味几何学 [M]. 徐枫，译. 北京：北京工业大学出版社，2006.

[6] 欧几里得. 几何原本 [M]. 兰纪正，朱恩宽，译. 南京：译林出版社，2014.

[7] 朱家生. 数学史 [M]. 北京：高等教育出版社，2010.

[8] 马奥尔，约斯特. 数学：几何印象 [M]. 邵伟文，译. 北京：机械工业出版社，2017.

[9] 丘维声. 解析几何 [M]. 北京：北京大学出版社，2005.

[10] 宋卫东. 解析几何 [M]. 北京：高等教育出版社，2003.

[11] 李文林. 数学史概论 [M]. 北京：高等教育出版社，2011.

[12] 克莱因. 古今数学思想 [M]. 张理京，等译. 上海：上海科学技术出版社，2014.

[13] 霍金. 时间简史：从大爆炸到黑洞 [M]. 许明贤，等译. 长沙：湖南科学技术出版社，2002.

[14] 桂国祥，刘雅芸. 双曲抛物面在实际生活中的应用 [J]. 产业与科技论坛，2018，17（16）：52-53.

[15] 范曾，邱成桐. 大美不言，关于科学、艺术、哲学的对话 [J]. 学术月刊，2008（2）：5-10.

[16] 郭琼，张雯莹，王凤超. 新工科背景下高等数学案例教学与课程思政的融合探索 [J]. 科教文汇，2021（10）：51-52.

[17] 莫甲凤，黄涣，杨乐平. 新工科背景下的 STEM 课程建设理论经验与策略 [J]. 中国人民大学教育学刊，2020（12）：11-21.

[18] 孙和军，王海侠. 科学素养与人文精神的融通：大学数学课程思政教学改革探析 [J]. 高等理科教育，2020（6）：22-27.

[19] 洪涛清. 平面闭曲线上扁形椭圆环面的全平均曲率 [J]. 浙江师范大学学报，2006（11）：398-400.

[20] 洪涛清. Viviani 曲线上管状曲面的全平均曲率 [J]. 丽水学院学报，2007（10）：4-5.

[21] 洪涛清. 局部对称空间中具有常数量曲率的紧致超曲面 [J]. 杭州师范大学学报，2008（11）：168-171.

[22] 洪涛清. 关于圆柱曲线的统一方程 [J]. 丽水学院学报，2008（10）：72-74.

[23] 洪涛清，张剑锋. 伪 Riemann 流形中的 2 调和类空子流形 [J]. 吉林大学学报，2009（3）：257-260.

[24] 洪涛清. 关于圆锥曲线环面的一点注记 [J]. 丽水学院学报，2015（9）：80-85.

[25] 张剑锋，洪涛清. 局部对称流形中具有常平均曲率的完备超曲面 [J]. 纯粹数学与应用数学，2013（4）：118-124.

[26] 卢晓忠，洪涛清，吴新伟. 从"玉壶春"看科学数据与艺术设计 [J]. 中国陶瓷，2016（4）：52-53.

[27] 洪涛清，卢晓忠. 基于多项式曲线拟合的龙泉青瓷作品性态分析 [J]. 丽水学院学报，2017（9）：37-41.

[28] 洪涛清. 离差在微分几何中的应用 [J]. 高等数学研究，2014（4）：55-57，61.